高等职业教育土建类“十三五”规划教材

（建筑信息化管理专业）

# BIM招投标与合同管理

主　编　魏应乐　包海玲　盛　黎
副主编　郝　转　何远燊　潘光翠
主　审　满广生



中国水利水电出版社
www.waterpub.com.cn
·北京·

## 内 容 提 要

本书是高等职业教育土建类“十三五”系列教材，根据高职高专教育招投标与合同管理课程标准，结合理实一体化教学要求，并结合运用 BIM 技术招投标的实际案例编写完成。本书包含了 5 个学习项目：建设工程 BIM 技术概述，建设工程招标，建设工程投标，建设工程开标、评标、定标，建设工程合同与合同管理。

本书可供高职高专建筑工程技术、建筑工程管理、建筑工程信息化管理等专业教学使用，也可供土建类相关专业及从事建筑工程专业技术人员学习参考。

图书在版编目（ＣＩＰ）数据

BIM招投标与合同管理 / 魏应乐, 包海玲, 盛黎主编. -- 北京 : 中国水利水电出版社, 2019.9

高等职业教育土建类“十三五”规划教材. 建筑信息化管理专业

ISBN 978-7-5170-7947-7

Ⅰ. ①B… Ⅱ. ①魏… ②包… ③盛… Ⅲ. ①建筑工程—招标—应用软件—高等职业教育—教材②建筑工程—投标—应用软件—高等职业教育—教材③建筑工程—经济合同—管理—应用软件—高等职业教育—教材 Ⅳ. ①TU723-39

中国版本图书馆CIP数据核字(2019)第182165号

| | |
|---|---|
| 书　　名 | 高等职业教育土建类“十三五”规划教材（建筑信息化管理专业）<br>**BIM 招投标与合同管理**<br>BIM ZHAOTOUBIAO YU HETONG GUANLI |
| 作　　者 | 主　编　魏应乐　包海玲　盛　黎<br>副主编　郝　转　何远粲　潘光翠<br>主　审　满广生 |
| 出版发行 | 中国水利水电出版社<br>（北京市海淀区玉渊潭南路 1 号 D 座　100038）<br>网址：www.waterpub.com.cn<br>E-mail：sales@waterpub.com.cn<br>电话：（010）68367658（营销中心） |
| 经　　售 | 北京科水图书销售中心（零售）<br>电话：（010）88383994、63202643、68545874<br>全国各地新华书店和相关出版物销售网点 |
| 排　　版 | 中国水利水电出版社微机排版中心 |
| 印　　刷 | 清淞永业（天津）印刷有限公司 |
| 规　　格 | 184mm×260mm　16 开本　7.5 印张　192 千字 |
| 版　　次 | 2019 年 9 月第 1 版　2019 年 9 月第 1 次印刷 |
| 印　　数 | 0001—1500 册 |
| 定　　价 | **39.00** 元 |

# 前言

住房和城乡建设部《关于印发推进建筑信息模型应用指导意见的通知》（建质函〔2015〕159号）要求到2020年末，建筑行业甲级勘察、设计单位以及特级、一级房屋建筑工程施工企业应掌握并实现BIM与企业管理系统和其他信息技术的一体化集成应用。到2020年末，以下新立项目勘察设计、施工、运行维护中、集成应用BIM的项目比率达到90%。

近几年，BIM技术已迅速渗透到工程建设行业的方方面面。无论是大规模、复杂的概念性建筑，还是普遍存在的中小型实用建筑，BIM技术在我国经历了多年的市场孕育，已经开始起跑加速。

BIM 技术如何应用到工程招投标管理中？这是急需探讨的课题。本书结合实际工程案例，讲述了BIM技术在招投标中的应用。

利用BIM技术在促进建筑业施工管理全面升级换代的同时，可以提高招标投标的质量和效率，有力地保障工程量清单的全面和精确，促进投标报价的科学、合理，加强招投标管理的精细化水平，减少风险，进一步促进招投标市场的规范化、市场化、标准化发展。

本书由安徽水利水电职业技术学院魏应乐、包海玲、潘光翠，山西水利水电职业技术学院郝转，杭州品茗安控信息技术股份有限公司盛黎、何远燊联合编写。

由于编者水平有限，书中难免存在疏漏，恳请读者批评指正。

编者

2019年7月

# 目录

# 项目1 建设工程BIM技术概述

【引例】

**BIM应用案例——周大福金融中心**

本项目的机电工程被拆分发包，划分为暖通空调、给排水、电气、智能化、消防、高压电等六大专业。首先，利用局域网创建中心文件，并将建筑、结构、钢结构的 BIM 模型链接到中心文件。再将单专业模型上传至中心文件，通过工作集的方式协同工作。各专业在同一平台下进行管线的综合排布与模拟施工，以保证参与 BIM 工作的各专业人员使用实时统一的项目环境。通过这种协同工作方式，提高沟通效率和设计质量，将施工问题前移至深化设计阶段并化解。

1．二维图纸深化，并建立智能化单专业模型

根据设计院提供的初步设计图纸及业主要求进行二维 CAD 图纸的深化设计，建立智能化系统单专业模型，模型精度符合LOD300（精确几何形态要求）模型。在建模过程中，通过三维校审及时发现图纸问题，与机电顾问沟通解决。相对于二维图纸审图，3D 模型更容易直观地发现问题。

2．机电管线综合排布

在机电管线综合排布过程中通过剖面调整、碰撞检测和三维漫游等方式，检查并发现设计中的错项、漏项、碰项、缺项及施工中可能存在的隐患，及时调整模型，进行工程变更，达到各专业零碰撞的效果。同时，综合考虑施工空间、检修空间、支吊架的安装形式及尺寸、净空要求等因素，使综合管线排布整齐、美观。最终生成LOD400（制造安装要求）模型。

BIM技术的应用，能有效地提前预见设计错误、设计遗漏及管线施工中可能遇到的碰撞和工序交叉风险。通过对模型进行调整，预先解决了此类问题。

3．利用BIM模型生成施工图纸

根据生成的LOD400模型，配合总包输出指导施工的机电综合CSD图，输出二维预留预埋施工图和智能化专业施工图。对二维预留预埋施工图详细标注桥架尺寸、平面位置、标高、翻弯节点位置等，确保图纸可指导现场实际施工。同时，在核心筒出入口、走廊、车库上方等管线密集的复杂节点处出具剖面图，结合平面图综合展示各类管线的空间位置，确保施工可顺利进行。利用 BIM 模型精确施工，达到对建筑、结构的“零剔槽”。

4．利用BIM模型指导现场实际施工

现场施工之前，通过4D施工模拟，优化施工工序，确定各专业的工作面划分。对于施工的重难点部位，使用BIM模型进行施工进度模拟、施工工艺模拟、施工组织模拟。

现场施工时，通过移动终端辅助现场施工质量管理。将现场施工情况与 BIM 模型对比，实现过程监督和质量验收，达到无纸化施工和绿色施工的效果。对于复杂节点部位进行三维技术交底，便于施工人员理解复杂节点部位，有效提高施工安装效率。

5. LOD500 竣工模型

根据现场实际情况，对模型进行修正和更新，使实际施工情况与模型完全一致。逐步完善模型中管线、设备的材质、生产厂家等信息，并将模型与运营维护信息相结合，精度达到美国建筑协会（AIA）文件 G202TM—2013 的 LOD500 标准。

BIM 技术具有空间定位和记录数据的能力，将其应用于运营维护管理系统，可以快速准确的定位建筑设备组件。对材料进行可接入性分析，选择可持续性材料，进行预防性维护，制定行之有效的维护计划。

【思考】

（1）什么是 BIM 技术？

（2）BIM 技术有什么价值点？

## 任务 1.1　BIM 技术

### 1.1.1　概念

BIM（Building Information Modeling）技术是 Autodesk 公司在 2002 年率先提出的，目前已经在全球范围内得到业界的广泛认可，它可以帮助实现建筑信息的集成。从建筑的设计、施工、运行直至建筑全寿命周期的终结，各种信息始终整合于一个三维模型信息数据库中，设计团队、施工单位、设施运营部门和业主等各方人员可以基于 BIM 进行协同工作，有效提高工作效率、节省资源、降低成本，以实现可持续发展。

BIM 的核心是通过建立虚拟的建筑工程三维模型，利用数字化技术，为这个模型提供完整的、与实际情况一致的建筑工程信息库。该信息库不仅包含描述建筑物构件的几何信息、专业属性及状态信息，还包含了非构件对象（如空间、运动行为）的状态信息。借助这个包含建筑工程信息的三维模型，大大提高了建筑工程的信息集成化程度，从而为建筑工程项目的相关利益方提供了一个工程信息交换和共享的平台。

BIM 的理论基础主要源于制造行业集 CAD、CAM 于一体的计算机集成制造系统 CIMS（Computer Integrated Manufacturing System）理念和基于产品数据管理 PDM 与 STEP 标准的产品信息模型。

### 1.1.2　含义

引用《United States National Building Information Modeling Standard》对 BIM 的定义，BIM 有三个层次的含义：

（1）BIM 是一个设施（建设项目）物理和功能特性的数字表达。

（2）BIM 是一个共享的知识资源，是一个分享有关这个设施的信息，为该设施从建设到拆除的全生命周期中的所有决策提供可靠依据的过程。

（3）在项目的不同阶段，不同利益相关方通过在 BIM 提取、更新和修改信息，以支持和反映其各自职责的协同作业。

### 1.1.3　特点

根据 BIM 的定义，结合工程建设实践，总结出 BIM 具有以下五个特点。

#### 1.1.3.1　可视化

可视化即所见所得。对于建筑行业来说，可视化的真正运用在建筑业中作用是非常大的，例如传统施工图纸中各构件的信息采用线条绘制的形式来表达，在构造过程中需要建筑参与人员自行想象，遇到复杂的造型很难理解会出现较大的偏差。BIM 提供了可视化的展示界面，将以往线条式的构件形成一种三维的立体实物图形展示在人们面前。现在建筑业也有设计方面的效果图，但是这种效果图不含有除构件的大小、位置和颜色以外的其他信息，缺少不同构件之间的互动性和反馈性。而 BIM 提到的可视化是一种能够与构件之间形成互动性和反馈性的可视化，由于整个过程都是可视化的，可视化的结果不仅可以用效果图展示及生成报表，更重要的是，项目设计、建造、运营过程中的沟通、讨论、决策都在可视化的状态下进行。三维可视化效果图见图 1.1。

图 1.1　三维可视化效果图

#### 1.1.3.2　协调性

协调是建筑业中的重点内容，不管是施工单位，还是业主及设计单位，都在做着协调及相配合的工作。一旦项目的实施过程中遇到了问题，就要将各有关人士组织起来开协调会，找各个施工问题发生的原因及解决办法，然后做出变更，采取相应补救措施来解决问题。

传统作业中，在设计时，往往由于各专业设计师之间的沟通不到位，出现各种专业之间的碰撞问题。例如暖通等专业管道的施工图纸是分别绘制的，在真正施工过程中，可能布置管线时碰到有结构设计的梁等构件在此阻碍了管线的布置。诸如此类的碰撞问题一般只能在问题出现之后再进行解决。

BIM 的协调性服务就可以帮助处理此类碰撞问题，也就是说 BIM 建筑信息模型可在建筑物建造前期对各专业的碰撞问题进行协调，生成协调数据，并提供出来。当然，BIM 的协调作用也并不是只能解决各专业间的碰撞问题，它还可以解决例如电梯井布置与其他设计布置及净空要求的协调、防火分区与其他设计布置的协调、地下排水布置与其他设计布置的协调等。协同交流界面如图 1.2 所示。

图 1.2　协同交流界面

### 1.1.3.3　模拟性

模拟性并不是只能模拟设计出的建筑物模型，还可以模拟不能够在真实世界中进行操作的事物。在设计阶段，BIM 可以对设计上需要进行模拟的一些东西进行模拟实验。例如节能模拟、紧急疏散模拟、日照模拟、热能传导模拟等。在招投标和施工阶段可以进行 4D 模拟（三维模型加项目的发展时间），也就是根据施工的组织设计模拟实际施工，从而确定合理的施工方案来指导施工。同时还可以进行 5D 模拟（基于 4D 模型加造价控制），从而实现成本控制；后期运营阶段可以模拟日常紧急情况的处理方式，例如地震人员逃生模拟及消防人员疏散模拟等。施工模拟界面如图 1.3 所示。

图 1.3　施工模拟界面

### 1.1.3.4　优化性

事实上整个设计、施工、运营的过程就是一个不断优化的过程。当然优化和 BIM 也不存在实质性的必然联系，但在 BIM 的基础上可以做更好的优化。

优化受三种因素的制约：信息、复杂程度和时间。没有准确的信息，做不出合理的优化结果。BIM 模型提供了建筑物的实际存在的信息，包括几何信息、物理信息、规则信息，还提供了建筑物变化以后的实际存在信息。复杂程度较高时，参与人员本身的能力无法掌握所有的信息，必须借助一定的科学技术和设备的帮助。

现代建筑物的复杂程度大多超过参与人员本身的能力极限，BIM 及与其配套的各种优化工具提供了对复杂项目进行优化的可能，如图 1.4 所示。

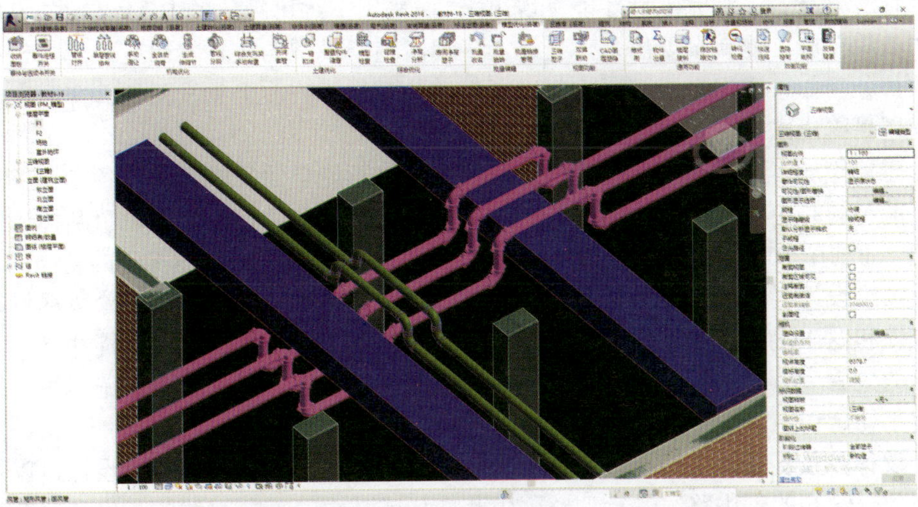

图 1.4　模型优化

#### 1.1.3.5　可出图性

BIM 模型不仅能绘制常规的建筑设计图纸及构件加工的图纸，还能通过对建筑物进行可视化展示、协调、模拟、优化，并出具各专业图纸及深化图纸，使工程表达更加详细，可帮助业主输出综合管线图、综合结构留洞图、碰撞检查与建议改进方案等。碰撞检查如图 1.5 所示。

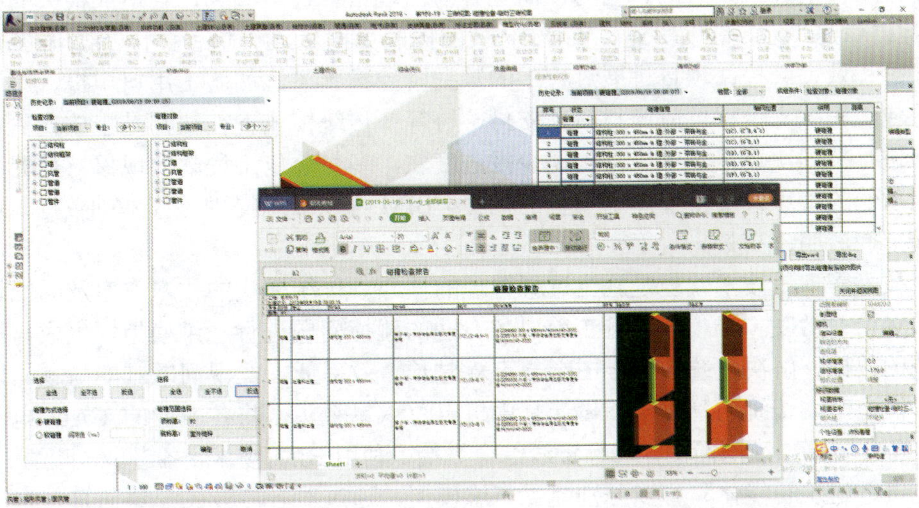

图 1.5　碰撞检查

## 任务 1.2 BIM 技术与传统模式的对比

BIM 与传统模式对比，列举三维可视化、碰撞布局、参数复核、工程量提取、过程数据管控、技术管理六个方面。

（1）三维可视化、精确定位：传统的平面设计成果为一张张的平面图，并不直观，工程中的综合管线只有等工程完工后才能呈现出来，而采用三维可视化的 BIM 技术却可以使工程完工后的状貌在施工前就呈现出来，表达上直观清楚。模型均按真实尺度建模，传统表达予以省略的部分（如管道保温层等）均得以展现，从而将一些看上去没问题而实际上却存在的深层次问题暴露出来。

（2）碰撞检测、合理布局：传统的二维图纸往往不能全面反映个体、各专业各系统之间的碰撞可能，同时由于二维设计的离散型为不可预见性，也将使设计人员疏漏掉一些管线碰撞的问题。而利用 BIM 技术可以在管线综合平衡设计时，利用其碰撞检测的功能，将碰撞点尽早的反馈给设计人员，与业主、顾问进行及时的协调沟通，在深化设计阶段尽量减少现场的管线碰撞和返工现象。这不仅能及时排除项目施工环节中可以遇到的碰撞冲突，显著减少由此产生的变更申请单，更大大提高了施工现场的生产效率，降低了由于施工协调造成的成本增长和工期延误。

（3）设备参数复核计算：在机电系统安装过程中，由于管线综合平衡设计，以及精装修调整会将部分管线的行进路线进行调整，由此增加或减少了部分管线的长度和弯头数量，这就会对原有的系统参数产生影响。传统深化设计过程中系统参数复核计算是拿着二维平面图进行计算，平面图与实际安装好的系统几乎都有较大的差别，导致计算结果不准确，偏大则会造成建设费用和能源的浪费，偏小则会造成系统不能正常工作。现在运用 BIM 技术后，当绘制好机电系统的模型后，BIM 软件能自动完成复杂的计算工作。模型如有变化，计算结果也会关联更新，从而为设备参数的选型提供正确的依据。

（4）工程量提取：传统的工程量计算是预算人员根据施工蓝图人工测量，面对着堆积如山的图纸，不仅消耗大量时间、精力，而且容易出现错算甚至漏算，会造成很大的损失。利用 BIM 数据信息平台，可以快速、准确、高效的提取工程量，并避免了不同部门的重复计算。

（5）过程数据管控：项目进展过程中的数据管控频繁，比如施工用料申报、工程进度款申请、分包工程款支付、供应商材料款支付，等等。传统模式下往往都是粗放式估算，待工程竣工后进行精细决算，不仅经常出现少报进度款、多付分包工程款的现象，数据不透明，给部分素质低的管理人员留下浑水摸鱼的机会。BIM 可以准确提供过程基础数据，让过程数据管控精准、透明、高效。

（6）技术管理：技术管理是施工过程管理的核心。传统模式的技术方案及图纸均是二维形式，BIM 恰是改变二维模式，施工前对各专业的碰撞问题进行三维模拟，生成与提供可整体化协调的数据，解决传统的二维图纸会审耗时长、效率低、发现问题难的问题。以机电管线综合平衡为例，传统的管线平衡设计是由机电总承包牵头，将各专业的 CAD 电子图叠放在一起，画出局部二维剖面图，进行管线综合平衡。利用 BIM 技术，各专业（暖通、给排水、消防、电气、建筑智能化）可以分别建立三维模型，通过对各专业的三维碰撞，自动输出碰撞报告。

### 1.2.1　应用 BIM 技术的演变过程

最早期从业人员通过手动绘制来完成图纸方面的需求。1991 年原国家科学技术委员会主任宋健提出：“到二十一世纪要甩掉图板，让工程设计人员从繁重的体力劳动中解脱出来，从事创新劳动”，从而开始了第一次信息化革命“甩图板”，更迭到了 CAD 时代。

从 CAD 时代到至今开始的第二次信息化革命“甩图纸”在 300 家骨干企业中实施以“甩图纸”为标志的设计制造一体化、无纸化和以“甩账表”为标志的企业信息流、物流、资金流及经营管理业务集成应用示范企业，从而带动 1000 家以上企业推广应用。”——这是科技部提出的“十一五”制造业信息化工程的任务之一。在这里，科技部将“十一五”制造业信息化的目标形象地比喻为“两甩”工程（图 1.6）。

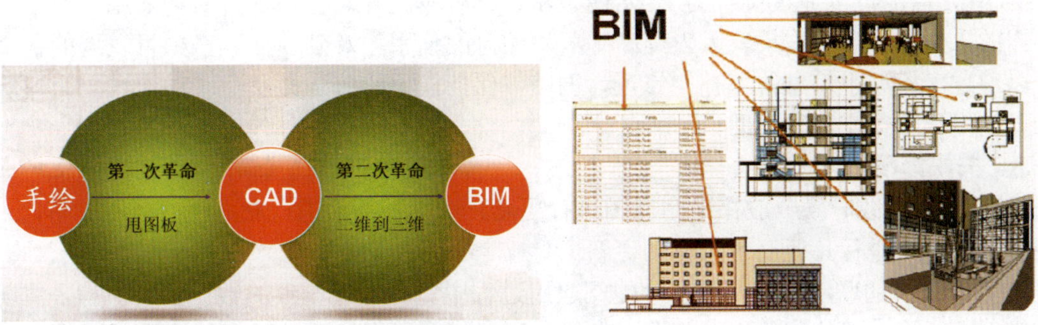


图 1.6　BIM 演变过程

### 1.2.2　BIM 技术与 CAD 技术对比

#### 1.2.2.1　表现形式

表达建筑物的图纸主要有平面图、立面图和剖面图三种。

CAD 时代，建筑项目的表现形式多以点、线、面的 2D 平面形式，再配合相关的建筑符号或标识，具有非常强的专业性，需要阅读人员有一定的专业知识以及空间想象力，信息很难对称，造成双方理解不一致。

BIM 时代，不同的视图从同一个模型中得到，它把现实中的建筑构件以 3D 空间为基准展现出来，无论是设计人员还是其他项目参与人员，所看到的都是真实中的门、窗、天花板等，以搭积木的方式建立一个 3D 可视化模型，提高各方对项目的整体认识与理解。

#### 1.2.2.2　信息收集

传统 CAD 对于建筑项目中的信息收集非常有局限性，而且经常因为技术原因造成信息的流失与浪费，无法形成信息集成式管理。

BIM 则不然，它可以通过信息化与参数化建立一个数据集成的模型，通过对模型中建筑构件的信息纳入，充分定义项目整体的性质。对传统点线面及符号构成的 2D 图纸，转变为门、窗、楼梯、管道、天花板等 3D 实体模型，并通过参数化加入属性，让项目参与各方能够更好地掌握项目整体，把控进度及成本。

#### 1.2.2.3　工作模式

CAD 时代，工作模式上基本以专业为单位，建筑师画好各种平立剖图纸后，根据效果图，建筑设计、结构计算、机电模拟、造价算量、绿色节能等专业各自为政，埋头干活，当本专业完成后再进行相互之间的校对与核查，但因为之前缺乏协同与沟通，经常造成设计变更。

而一旦设计变更，意味着之前各专业工作需要逐一修改，再来一遍。

而由于 BIM 的协同性特点，将各专业、各环节的数据及信息进行整合、集成及分析，通过建立协同平台将所有专业的模型导入统一的平台之下，打破传统信息传递壁垒，改善交流沟通的环境，实现信息之间的共享，让团队中所有成员都能够参与到项目之中。同时，各项建筑指标的变化，对后续工作的影响评估可实现高度自动化，大大提高工作效率，降低因信息不对称而造成的错漏碰缺。

#### 1.2.2.4 支持范围

传统 CAD 一般只能应付单一阶段的工作，例如设计或者施工阶段，不能形成串联，更不用说项目全生命周期了。

而 BIM 恰恰可以通过统一的 BIM 模型从设计阶段就开始考虑项目后期的施工及运维阶段所需的工作及信息的收集，大大提高了项目信息的使用率及延续性。在项目发展的各个阶段可以通过对模型中信息的填补、修正、调整，保持模型的统一性及实时动态性，为建筑全生命周期提供数据支持与帮助。

#### 1.2.2.5 关联修改

CAD 三维修改时候一般在平面视图进行更新，然后要手动进行立面、剖面的更新，无法直接从三维模型进行其他视图的自动更新。

BIM 有强大的联动功能，所以才能在应用过程中提供协调一致的数据信息流程，体现在修改模型的时候，其他相关视图都会自动进行更新，同时设备修改的时候会自动出现尺寸提示，可以方便地进行模型重新定位。这个功能特点能帮助设计师大大减少工作量，降低建模难度，提高工作效率，最重要的更在于保持建模过程中参数的一致性。

#### 1.2.2.6 参数设计

CAD 三维设备只能依据特性进行简单大小变化。

Revit 族就是参数化构件，通过参数设计三维设备可以由多个属性参数进行定位，能够根据项目的要求进行模型外观、样式、大小的复杂变化，只需修改相应项目文件的参数就可以得到理想的模型文件，并且方便设计师在建模过程中文件的调用和存储。

**【案例分析】**

中国尊，位于北京朝阳区 CBD 商务中心区核心地块，毗邻中央电视台新址，是北京市最高的地标建筑。项目总投资 400 多亿元，BIM 应用投入 300 多万元。

设计过程中，不断通过 BIM 模型找到设计中的问题，包括设计空间中存在的一些问题，最终通过 BIM 优化设计可用面积 5000 多 $m^2$，以 20 万元/$m^2$ 计算，实际帮助业主获益多达 10 亿元。

（1）策划阶段：BIM 结合 GIS 在策划之前对场地及周边环境进行分析，引导决策优化。

（2）协同沟通：利用三维可视化模型构建直观易懂的协同设计平台，高效沟通，消除错漏。

（3）施工阶段：BIM 模型模拟、优化施工计划，控制工期，3D 对照监管施工。

（4）招商阶段：利用 BIM 竣工模型引导招商。

（5）运营阶段：BIM 为自动化运营系统提供技术平台，减少运营管理人员投资。

# 项目2　建设工程招标

## 任务2.1　建设工程招标概述

【引例】

| |
|---|
| 某高架桥A标段工程具备招标条件，决定进行公开招标。招标人委托某招标代理机构K进行招标代理。招标方案由K招标代理机构编制，经招标人同意后实施。招标文件规定本项目采取公开招标、资格后审方式选择承包人，同时规定投标有效期为90日。2018年10月12日下午2时00分整为投标截止时间，2018年10月12日下午2时00分在某会议室召开开标会议。2018年9月15日，K招标代理机构在国家指定媒介上发布招标公告。 |

【思考】

（1）工程项目招标的方式有哪几种？

（2）完整招标工作的程序包含哪些内容？

（3）招标的组织形式有哪些？

### 2.1.1　建设工程招标的概念

建设工程招标是指招标人在发包建设项目之前，以公告或邀请书的方式提出工程项目的条件和要求，愿意参加竞争的、具有相应资质的建筑企业可以按照招标文件的要求进行投标，招标人从中择优选择承包人的过程。

### 2.1.2　建设工程招标的要求

#### 2.1.2.1　必须招标的项目

必须招标的项目：关系社会公共利益、公共安全的基础设施项目；关系社会公共利益、公共安全的公用事业项目；使用国有资金投资项目；国家融资项目；使用国际组织或者外国政府资金的各类建设项目，施工单项合同估算价在200万元人民币以上，或单项合同估算价虽低于200万元人民币，但项目总投资额在3000万元人民币以上的工程应采用招标方式订立合同。

#### 2.1.2.2　可以不进行招标的项目

可以不进行招标的项目：项目复杂或有特殊要求，只有少量几家潜在投标人可供选择的；受自然地域环境限制的；涉及国家安全、国家秘密或者抢险救灾而不适宜招标的；拟公开招标的费用与项目价值相比，不值得的；法律、行政法规规定的其他情形。

### 2.1.3　建设工程招标的方式

《中华人民共和国招标投标法》（以下简称《招标投标法》）规定，招标分为公开招标和邀请招标两种方式。

#### 2.1.3.1 公开招标

公开招标属于无限制性竞争招标，是招标人通过依法指定的媒介发布招标公告的方式邀请所有不特定的潜在投标人参加投标，并按照法律规定程序和招标文件规定的评标标准和方法确定中标人的一种竞争交易方式。

公开招标充分体现了市场机制，公开信息，规范程序，公平竞争。公开招标由于投标人较多、竞争充分，且不容易串标、围标，有利于招标人从众多竞争者中选择合适的中标人并获得最佳的竞争效益，择优率更高。按规定应该招标的建设工程项目，一般应采用公开招标方式。若采用公开招标方式，招标人就不得以不合理的条件限制或排斥潜在投标人。

#### 2.1.3.2 邀请招标

邀请招标属于有限竞争性招标，是招标人以投标邀请书的方式直接邀请特定的潜在投标人参加投标，并按照法律程序和招标文件规定的评标标准和方法确定中标人的一种竞争交易方式。

与公开招标相比，投标人数量相对较少，竞争开放度相对较弱，招标工作量和招标费用相对较小，既可以省去招标公告和资格预审程序（招投标资格审查）及时间，又可以获得基本或者较好的竞争效果。但是邀请招标的范围较小，选择面窄，可能排斥了某些在技术或报价上有竞争实力的潜在投标人，因此投标竞争的激烈程度相对较差。

### 2.1.4 建设工程招标的组织形式

招标的组织形式分为自行招标和委托代理招标。

#### 2.1.4.1 自行招标

招标人自行办理招标事宜，应满足以下要求，向有关行政监督部门进行备案即可。具体包括：有与招标工作相适应的经济、法律咨询和技术管理人员；有组织编制招标文件的能力；有审查招标单位资质的能力；有组织开标、评标、定标的能力；拥有 3 名以上取得招标职业资格的专职业务人员；熟悉和掌握招标投标法及有关法规规章。

如果招标单位不具备上述要求，则须委托具有相应资质的中介机构代理招标。

#### 2.1.4.2 委托代理招标

工程招标代理机构资格分为甲、乙两级。其中乙级工程招标代理机构只能承担工程投资额 3000 万元以下的工程招标代理业务。

工程招标代理机构可以跨省、自治区、直辖市承担工程招标代理业务。

### 2.1.5 建设工程招标工作任务流程和范围

#### 2.1.5.1 招标工作任务流程

招标工作任务流程是根据建设工程招标投标程序制定的。建设工程招标投标程序始于发布招标公告（或邀请书），终于发出中标通知书，其间大致经历了招标、投标、开标、评标和定标几个主要阶段。建设工程招标的主要工作任务流程，见图 2.1。

#### 2.1.5.2 招标工作任务范围

根据建设工程招标工作任务流程，招标工作任务范围如下：

（1）设立招标组织或者委托招标代理人。

（2）申报招标申请书、招标文件、评标定标办法和标底，实行资格预审的还要申报资格预审文件。

（3）发布招标公告或者发出投标邀请书。

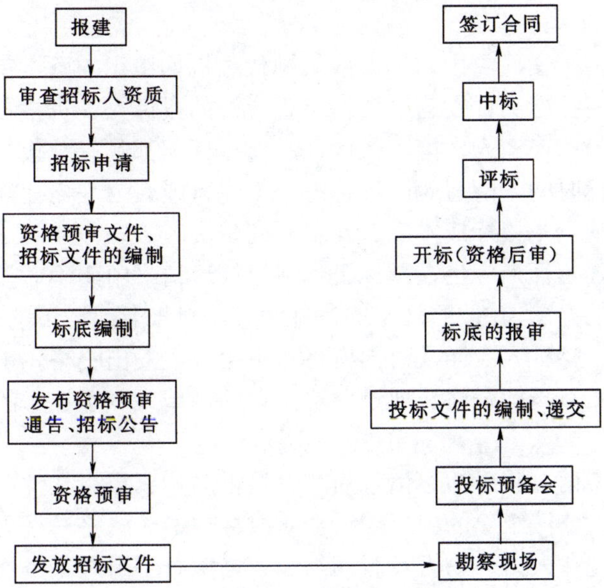


图2.1 建设工程招标工作任务流程

（4）对投标资格进行审查。

（5）出售招标文件，收取投标保证金。

（6）组织投标人踏勘现场，对招标文件进行答疑。

（7）成立评标组织，召开开标会议，实行资格后审的还要进行资格审查。

（8）审查投标文件，澄清投标文件中不清楚的问题，组织评标。

（9）择优定标，发出中标通知书。

（10）合同草案报送审查，签订合同。

## 任务2.2 招标程序

【引例】

某办公楼的设计已经完成，施工图纸齐全，施工现场已完成“三通一平”，已经具备招标条件，招标人委托招标代理机构进行公开招标。本次招标采用资格预审方式，招标代理机构已在当地政府指定的报刊和网站上发布了招标公告。

【思考】

（1）招标公告应写明哪些内容？

（2）依法必须招标的项目，其招标公告应该在哪些媒介上发布？

### 2.2.1 资格审查

对投标人的资格审查可以分为资格预审与资格后审两种方式。资格预审在投标之前进行，资格后审在开标后进行。预审和后审这两种审查方法各有利弊，招标人在招标时，可以根据招标项目的具体情况，选择合适的方法进行资格审查。

#### 2.2.1.1 资格预审

资格预审指发售招标文件前由招标人或招标代理机构组织的资格审查小组，对投标申请人进行资格审查，并将招标文件发售给资格审查合格的投标人。资格预审可以提前淘汰不合格或竞争能力较差的投标申请人，能有效保证所有投标人都具有承接招标项目的能力，减少评标工作量、缩短评标时间，能避免因评标办法不完善或人为因素让那些不具备资格条件的投标申请人中标；但缺点是招标成本高、花费时间长。

实行资格预审时，招标人应当在招标公告或投标邀请书中明确对投标人资格预审的条件和获取资格预审文件的办法，并按照规定的条件和办法对报名或邀请的投标人进行资格预审。

资格预审结束后，招标人应当及时向资格预审申请人发出资格预审结果通知书。未通过资格预审的申请人不具有投标资格。通过资格预审的申请人少于 3 个的，应当重新招标。

#### 2.2.1.2 资格后审

资格后审指投标申请人获悉招标信息后，直接报名购买招标文件，编制投标文件进行投标，在开标后由招标人依法组建的评标委员会对投标申请人资格进行审查。采用资格后审这种方法，招标人不需花费人力、物力及时间组织资格审查小组进行资格审查，资格审查工作直接由评标委员会进行，能有效节约时间，让招标项目尽早实施，但缺点是评标的工作量较大，评标时间较长。

### 2.2.2 招标公告或投标邀请书的编制

招标公告或者投标邀请书应至少载明下列内容：①招标人的名称和地址；②招标项目的内容、规模、资金来源；③招标项目的实施地点和工期；④获取招标文件或者资格预审文件的地点和时间；⑤对招标文件或者资格预审文件收取的费用；⑥对招标人的资质等级的要求。

招标人应当按招标公告或者投标邀请书规定的时间、地点出售招标文件或资格预审文件。自招标文件或者资格预审文件出售之日起至停止出售之日止，最短不得少于 5 个工作日。

实行公开招标的应在国家或地方指定的报刊、信息网或其他媒体发布招标公告，实行邀请招标的应向 3 个以上符合条件的投标人发放投标邀请书。

### 2.2.3 对招标公告改正、补充或调整的情形

拟发布的招标公告有下列情形之一的，有关媒介可以要求招标人或其委托的招标代理机构及时予以改正、补充或调整。

（1）字迹潦草、模糊，无法辨认的。

（2）载明的事项不符合招标公告内容要求的。

（3）没有招标人或其委托的招标代理机构主要负责人签名并加盖公章的。

（4）在两家以上媒介发布的同一招标公告的内容不一致的。

（5）指定媒介发布的招标公告的内容与招标人或其委托的招标代理机构提供的招标公告文本不一致，并造成不良影响的，应当及时纠正，重新发布。

**【案例分析】**

> 招标代理公司 A 受业主单位 B 委托，于 2019 年 5 月 31 日在采购与招标网发布高新区 2019 年区属中小学校宿舍改造设计服务招标公告。现邀请全国供应商参与投标，有意向的单位请及时联系项目联系人参与投标。

招标（定点抽签）公告×受合肥新站××的委托××宿舍改造设计服务项目”进行公告，欢迎入库定点单位到现场监督。

一、采购项目名称及内容

1．项目编号×C×

2．××宿舍改造设计服务项目

3．项目概算×

4．项目内容：本项目共1个包

5．库类别：设计建筑_合肥

6．抽签方式：全范围抽签

二、报名时间

1．报名时间：无

三、抽签时间及地点

1．抽签时间：×年×月×日×时

2．地点：×××××交口××大厦2楼3号拍卖厅

四、联系方法

单位：××× 地址：×××

本项目联系人：李工 电话：×××

### 2.2.4 组织资格审查、出售招标文件

采用资格预审的应编制资格预审文件，向投标申请人发放（售）资格预审文件。审查、分析投标申请人报送的资格预审申请书的内容，确定合格的投标申请人并向其发放资格预审合格通知书。招标人按照招标公告或投标邀请书的时间、地点向合格的投标人发放（售）招标文件。自招标文件或资格预审文件出售之日起至停止出售之日止，最短不得少于5个工作日。

### 2.2.5 现场踏勘并答疑

招标人组织投标人对项目实施现场的经济、地理、地质、气候等客观条件和环境进行现场调查。投标人参加现场勘察并承担踏勘现场的责任、风险和费用。

招标人对投标人就投标文件和现场情况提出的问题进行解答，同时将解答以书面方式通知所有购买招标文件的潜在投标人，解答的内容为招标文件的组成部分。

### 2.2.6 投标文件的接收

投标人应当在招标文件要求提交投标文件的截止时间前，将投标文件密封送达投标地点。招标人在收到投标文件后，应当签收保存，任何单位和个人不得在开标前开启投标文件。

### 2.2.7 组建评标委员会

#### 2.2.7.1 评标委员会

评标委员会依法组建，负责评标活动，向招标人推荐中标候选人或者根据招标人的授权直接确定中标人。

评标委员会由招标人负责组建。评标委员会成员名单一般应于开标前确定。评标委员会成员名单在中标结果确定前保密。

评标委员会由招标人或其委托的招标代理机构熟悉相关业务的代表，以及有关技术、经

济等方面的专家组成，成员人数为五人以上单数，其中技术、经济等方面的专家不得少于成员总数的三分之二。

#### 2.2.7.2 评标专家的要求

评标专家应从事相关专业领域工作满八年并具有高级职称或者同等专业水平；熟悉有关招标投标的法律法规，并具有与招标项目相关的实践经验；能够认真、公正、诚实、廉洁地履行职责。

#### 2.2.7.3 专家回避制度

有下列情形之一的，不得担任评标委员会成员，应当回避：

（1）投标人或者投标人主要负责人的近亲属。

（2）项目主管部门或者行政监督部门的人员。

（3）与投标人有经济利益关系，可能影响对投标公正评审的。

（4）曾因在招标、评标以及其他与招标投标有关活动中从事违法行为而受过行政处罚或刑事处罚的。

### 2.2.8 开标

#### 2.2.8.1 开标地点

招标人及其招标代理机构应按招标文件规定的时间、地点主持开标，邀请所有投标人的法定代表人或其委托的代理人参加。

#### 2.2.8.2 开标程序

（1）开标主持人（即招标人）宣布开标会议开始，同时宣布开标唱标纪律及相关内容。

（2）介绍招标投标的基本情况，包括到会的相关单位、投标单位和人员及评标委员会的产生和组成情况。

（3）宣布开标工作人员，开标工作人员包括唱标人员、监标人员、记录人员等。

（4）宣布评标纪律、评标原则和评标方法。

（5）检查各投标文件的密封、盖章情况，并予以签字确认。

（6）确定唱标顺序，然后按顺序开标唱标。开标时，工作人员当众打开标书，宣读投标文件的主要内容，包括投标人名称、投标价格、工期、附加条件、补充声明、优惠条件、替代方案等；如果有标底的，也应当同时公布；联合体投标的，还应宣读联合投标协议书。开标以后，投标人不得更改投标书的内容和报价，也不允许再增加任何优惠条件。

（7）招标人对开标过程进行记录，并存档备查，各投标人对投标报价内容无异议，签字确认。至此，开标会议结束。

### 2.2.9 评标

评标由评标委员会对投标文件进行评审，推荐中标候选人或确定中标人。评标委员会成员应当客观、公正地履行职责，遵守职业道德，对所提出的评审意见承担个人责任。

### 2.2.10 合同签订

#### 2.2.10.1 确定中标人

招标人可以授权评标委员会直接确定中标人，也可依据评标委员会推荐的中标候选人确定中标人。评标委员会一般按择优原则推荐1～3名中标候选人。从原则上来说，招标人应当确定排名第一的中标候选人为中标人。排名第一的中标候选人放弃中标、因不可抗力提出不能履行合同，或者招标文件规定应当提交履约保证金而在规定的期限内未能提交的，招标人可以确定排名第二的中标候选人为中标人。排名第二的中标候选人因前款规定的同样原因不能签订合同的，招标人可以确定排名第三的中标候选人为中标人。

招标人确定中标人之后，应当及时向中标人发出中标通知书。同时，也应将中标结果书面通知其他未中标的投标人，并按有关规定及时退还投标保证金。

**2.2.10.2　履约担保**

履约担保是发包人在招标文件中规定的要求承包人提交的保证履行合同义务的担保。履约担保是工程发包人为防止承包人在合同执行过程中违反合同规定或违约，并弥补给发包人造成的经济损失。

（1）在签订合同前，中标人应按招标文件中规定的金额、担保形式和履约担保格式向招标人提交履约担保。

（2）中标人不能按招标文件要求提交履约担保的，视为放弃中标。

**2.2.10.3　合同订立**

（1）中标通知书对招标人和中标人都具有法律约束力。中标人收到中标通知书后，即成为该项目承包商，必须在 30 天内和招标人签订合同。

（2）法规规定需向有关行政监督部门备案、核准或登记的，应办理相关备案手续。

# 任务 2.3　建设工程 BIM 招标阶段应用

【引例】

某公司筹备建设一座写字楼，在BIM招标阶段某公司需准备该工程的工程量清单与BIM模型和招标文件，最后通过电子交易平台进行发布。下表为所发布招标文件中的评审标准。

| 评标项目 | | 分值 | 内　容 |
|---|---|---|---|
| 商务评议30分 | 公司资质 | 3 | 投标人具备乙级工程造价咨询资质的得 1 分，具备甲级工程造价咨询资质的得 3 分。（提供证书证明材料） |
| | 类似业绩 | 15 | 投标人近三年来承担建筑面积在 5 万 $m^2$ 及以上的公用建筑项目 BIM 咨询服务业绩，每提供 1 项得 10 分；承担过建筑面积在 5 万 $m^2$ 及以上 10 万 $m^2$ 以下的民用建筑项目 BIM 咨询服务业绩，每提供 1 项得 5 分；承担过建筑面积 10 万 $m^2$ 及以上住宅楼项目 BIM 咨询服务业绩，每提供 1 项得 8 分，该项最多得 15 分。（提供合同及相关证明材料） |
| | 公司表彰情况 | 4 | 投标人近三年受到市级及以上行业主管部门表彰的，每项得 2 分，最多得 4 分。（提供行业主管部门下发的表彰证明等材料） |
| | 公司管理体系 | 6 | 投标人具备合格有效的质量管理体系认证得 2 分，职业健康安全管理体系认证得 2 分，环境管理体系认证得 2 分。否则不得分。（提供证书证明材料） |
| | 公司信誉 | 2 | 2016 年 1 月 1 日至今获得地级市及以上工商局颁发的“守合同重信用”证书得 2 分，否则不得分。（提供证书等证明材料） |
| 技术评议40分 | 项目实施方案 | 30 | 投标人应根据本项目招标需求编制项目 BIM 实施方案，包括但不限于以下内容：<br>1．BIM 咨询服务方案可行、合理和完善程度。（0～6 分）<br>2．BIM 咨询服务方案满足本工程 BIM 技术应用的程度。（0～6 分）<br>3．BIM 咨询服务方案对项目 BIM 咨询服务机构人员的组织分工、进度计划安排合理程度。（0～6 分）<br>4．本项目拟配置的软、硬件设备配置合理程度。（0～6 分）<br>5．项目实施的保障措施。（0～6 分） |

续表

| 评标项目 | | 分值 | 内容 |
|---|---|---|---|
| 技术评议40分 | 项目人员配备情况 | 10 | 1. 拟派项目负责人具有一级建造师证书的加2分，具有注册造价工程师证书的得2分。<br>2. 拟派本项目的项目负责人自2016年1月1日至今承担过建筑面积达到10万 $m^2$ 及以上的房建项目BIM咨询服务业绩的得2分。（提供中标通知书或咨询合同等有效证明材料，且应能完全反映上述考核内容）<br>3. 拟派本项目团队成员（不含项目负责人）每有一名具有BIM项目管理师或建模师证书（建设教育协会、图学会、工信部均可）的加1分，该项最多加4分。<br>（注：以上人员需提供相关证书和近一年连续缴纳社保证明，否则不得分） |
| 价格评议30分 | 价格评分 | 30 | 评标委员会只对资格和符合性检查合格的响应文件进行价格评议，报价分采用低价优先法计算，即满足招标文件要求且最后报价最低的供应商的报价为评标基准价，其价格分为50分。每高于评标基准价1%扣0.5分；扣完为止。<br>即：投标报价高于评标基准价时，投标报价得分＝50－（投标报价－评标基准价）/评标基准价×100×0.5 |

**【思考】**

招标人通过什么软件进行BIM模型制作？

### 2.3.1 工程量清单编制

工程量清单是建设工程的分部分项工程项目、措施项目、其他项目、规费项目和税金项目的名称和相应数量等的明细清单，由分部分项工程量清单、措施项目清单、其他项目清单、规费税金清单组成，工程量清单要求投标人完成的工程项目及其相应工程实体数量全部列出，为投标人提供拟建工程的基本内容、实体数量和质量要求等信息。

编制工程量清单由具有编制招标文件能力的招标人，或受其委托具有相应资质的中介机构进行编制，例如，本次招标人使用胜算预算软件（图2.2）编制工程量清单，也可使用其他软件来编制工程量清单，编制完成后导入到商务标招标工具再导出“.zbs”格式文件，如图2.3所示。

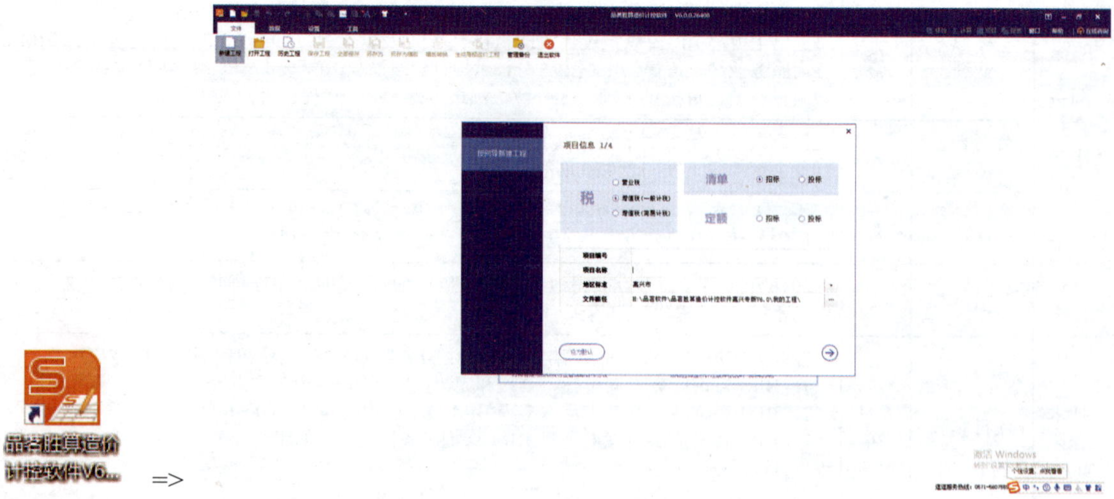


图2.2 胜算软件

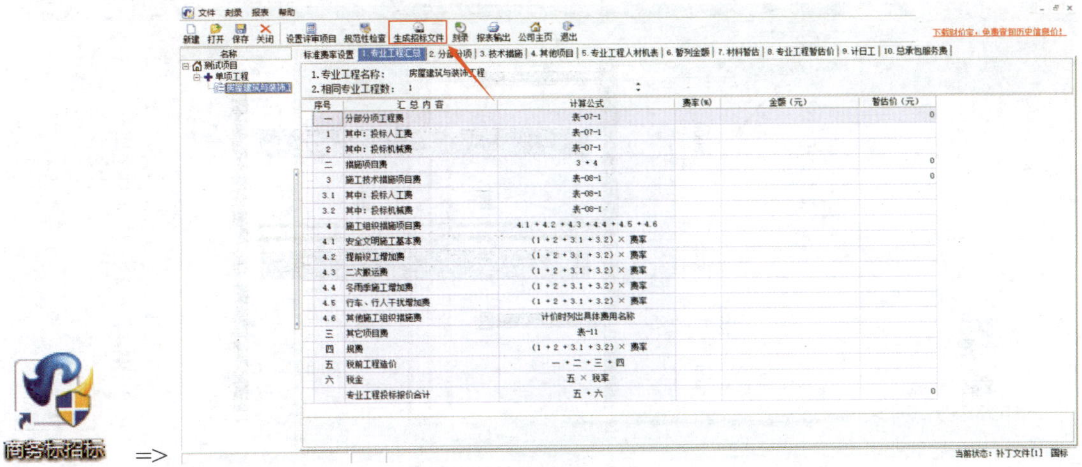


图 2.3　商务标招标工具

### 2.3.2　BIM 模型创建

BIM 模型指的是具有大量信息数据支撑的三维模型，BIM 技术应用想要达到的也是最终会实现的目标是设计、施工、运维的一体化，在设计之初设计方就会基于 BIM 技术对建筑工程进行分析设计，在招标阶段就提供完备的 BIM 模型。但是在我国 BIM 技术发展时间较短，尚未形成一个完整的体系，大部分的项目招标阶段提供的还是传统的二维 CAD 图纸，随着信息技术的发展，为实现建筑工程全生命周期的信息化管理，需要在最初的招标阶段就引入 BIM 技术。

例如，招标人在招标阶段委托地方设计院制作项目的 BIM 模型时使用 Revit 与 HiBIM 软件，通过图纸制作“.rvt”格式的此项目各专业模型，再使用 HiBIM 软件通过土建算量功能使得构件与清单进行关联（图 2.4），再导出 P-BIM 格式模型文件（图 2.5）给投标人使用制作 BIM 5D 资金资源模拟动画。图 2.6 为制作完成的土建与机电的模型。

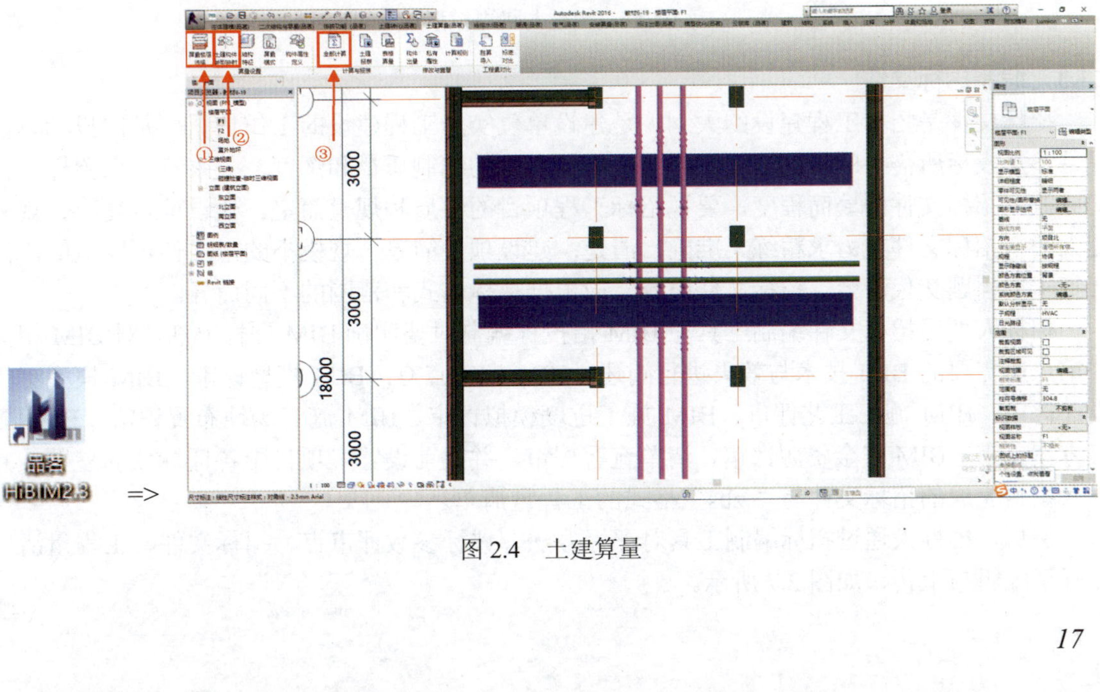


图 2.4　土建算量

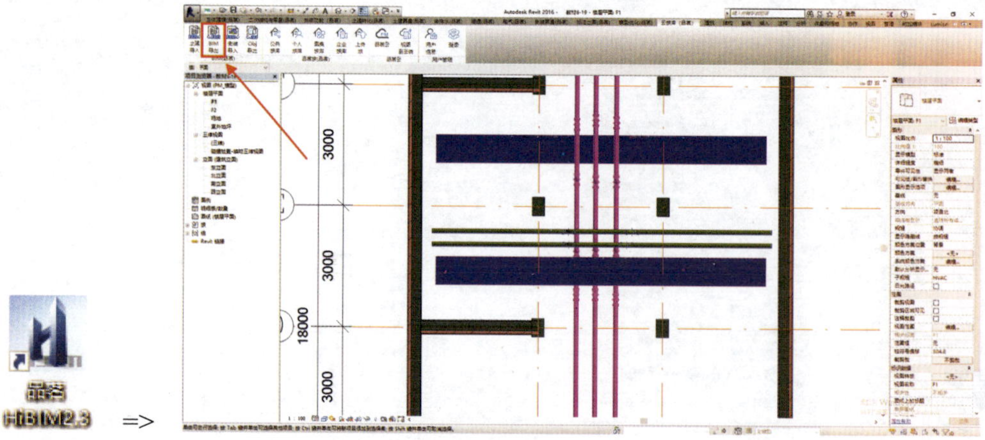

图 2.5　导出 P-BIM 文件

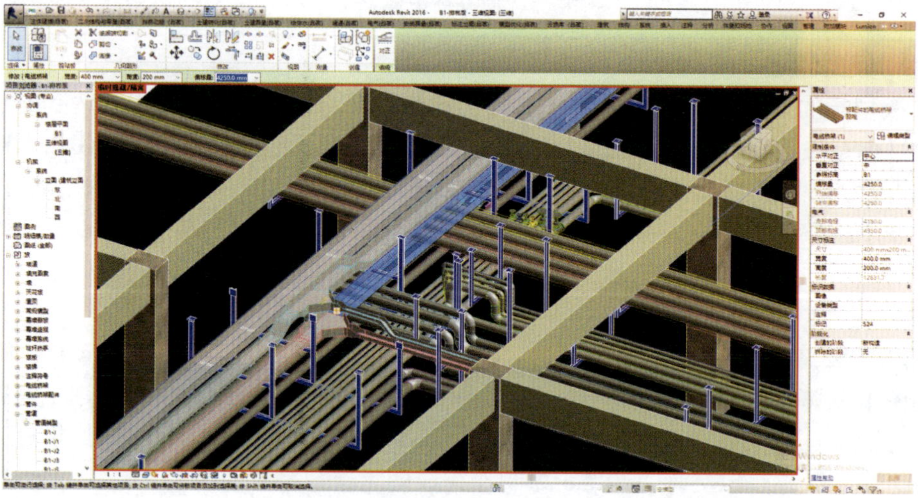

图 2.6　土建与机电模型

### 2.3.3　编制招标文件

招标文件是招标工程建设的大纲，是建设单位实施工程建设的工作依据，是向投标单位提供参加投标所需要的一切情况。因此，招标文件的编制质量和深度，关系着整个招标工作的成败。招标文件的繁简程度，要视招标工程项目的性质和规模而定。建设项目复杂、规模庞大的，招标文件要力求精练、准确、清楚；建设项目简单、规模小的，文件可以从简，但要把主要问题交代清楚。招标文件内容，应根据招标方式和范围的不同而异。

招标人使用招标文件编制工具在 BIM 招投标编制时要明确 BIM 评标办法，对 BIM 相关评审点所需要的 BIM 技术与效果进行阐述，BIM 评审点有：BIM 模型评审、BIM 模型深化设计评审、BIM 施工工艺评审、BIM 施工进度模拟评审、BIM 施工场地布置评审、BIM 施工方案评审、BIM 资金资源评审、清单查看评审，并提前设置好项目中各评标项的参数，并导入编辑完成的招标文件与“.zbs”格式的工程量清单。

例如，招标人通过招标编制工具对评标办法、评标参数评审点、招标文件、工程量清单进行了编辑与上传，如图 2.7 所示。

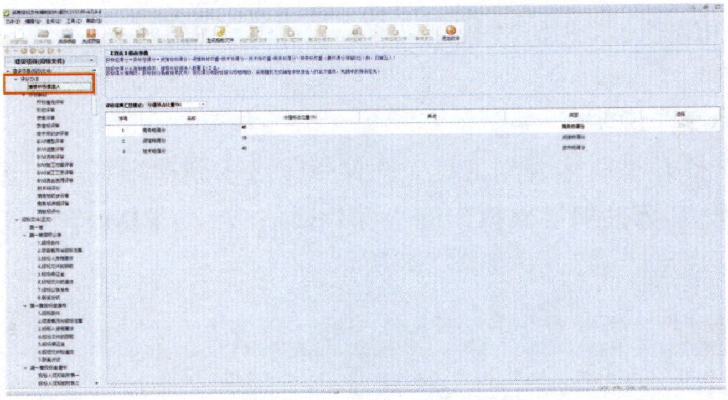

（a）评标办法

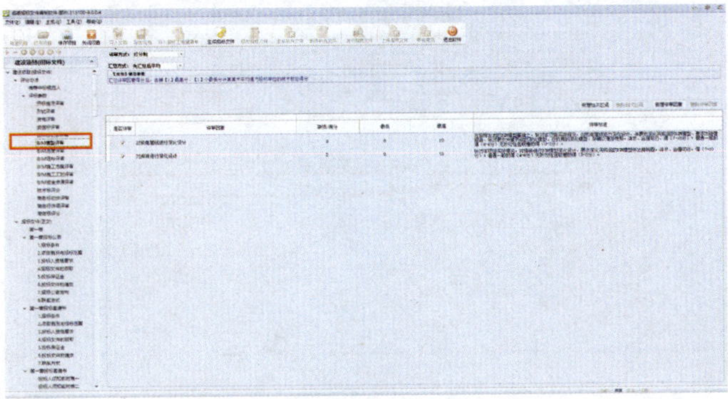

（b）评标规则

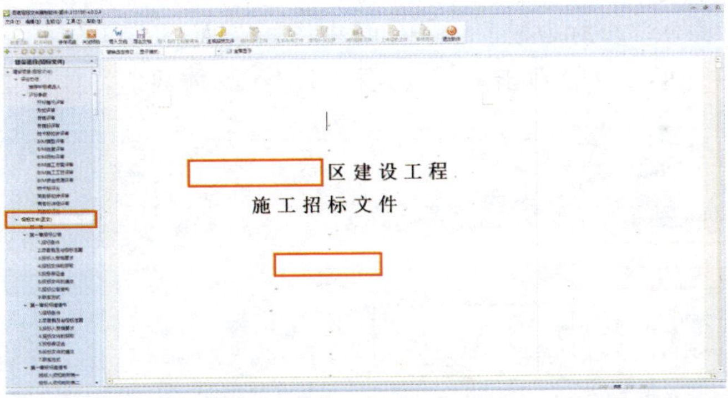


（c）招标文件

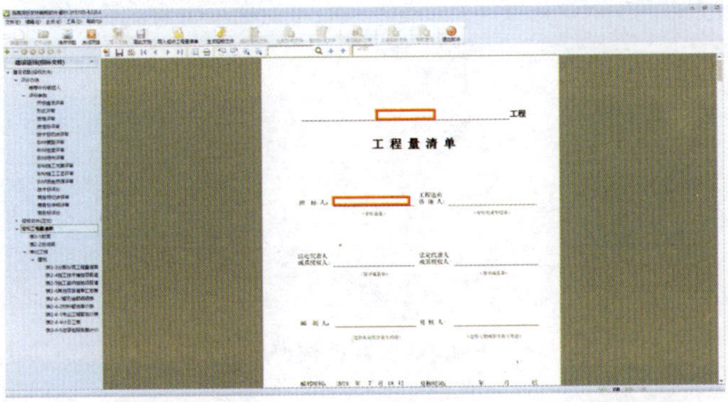


（d）工程量清单

图 2.7　评分规则

最后招标人将 BIM 模型、P-BIM 模型文件、招标文件编制完成后通过电子交易平台进行发布。

### 2.3.4 招标编制工具操作说明

新建项目：双击打开“招标编制工具”软件→①点击新建项目→②选择“施工类（含清单）”招标项目模板→③选择项目模板中的“综合评估法一（BIM）”→④输入文件名称与选择文件保存路径→⑤点击“确定”，如图 2.8 所示。

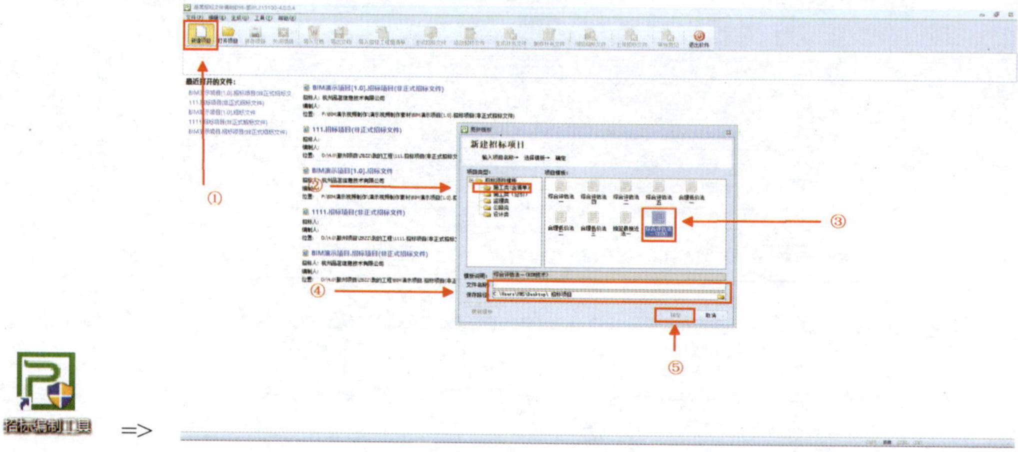


图 2.8 新建项目

设置评标办法：点击“评标办法”中的推荐中标候选人→①可设置“评标结果汇总模式”有所占比重和总分两种形式→②双击汇总模式框可输入具体数值，如图 2.9 所示。

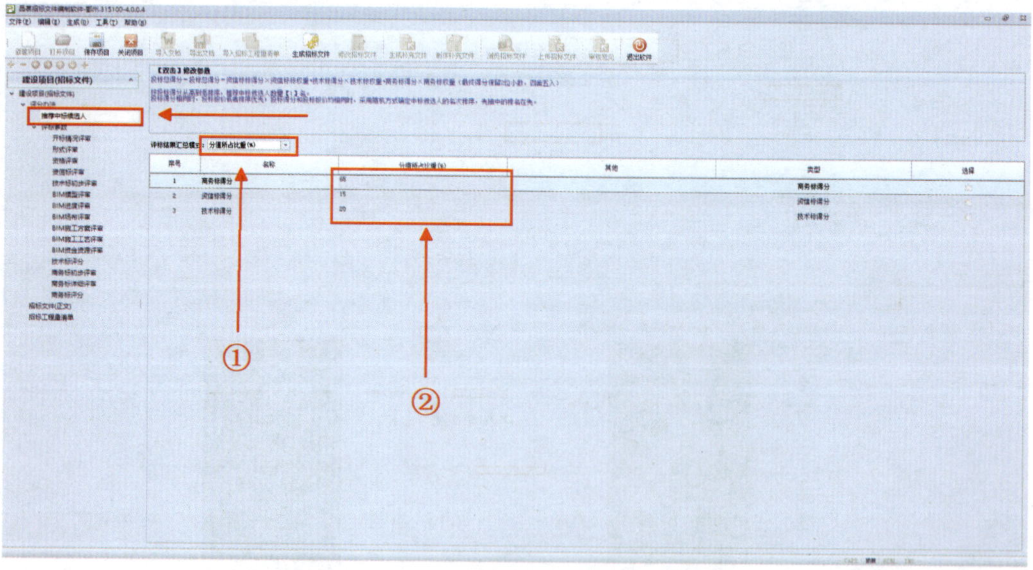


图 2.9 设置评标办法

设置评标参数：点击“评标参数”中的开标情况评审（这里以此为例，其余评审操作方法相同）→①可在评审因素与评审标准中输入具体描述→②需要新增评审因素时进行点击（新增生成样式如第三行所示）→③勾选所要删除的评审因素，再点击“删除评审因素”，如图 2.10 所示。

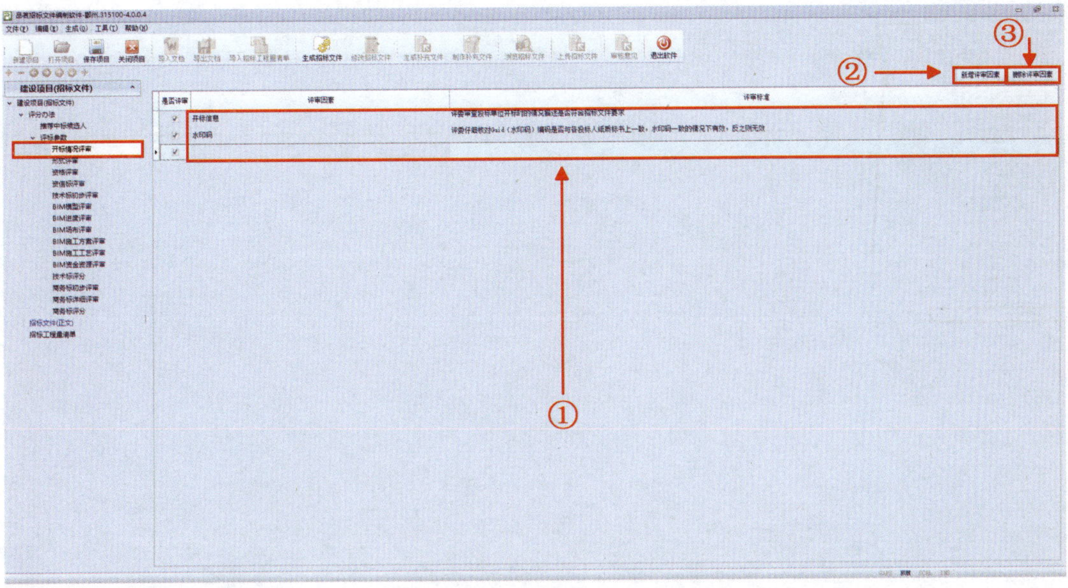


图 2.10　设置评标参数

BIM 评审参数设置：点击“评标参数”中的 BIM 模型评审（这里以此为例，其余评审操作方法相同）→①设置评审方式有通过制、打分制、打分通过制三种评审方式，汇总方式可设置为先平均后汇总与先汇总后平均两种→②新增或删除评审因素，新增或删除档次区间→③新增档次区间窗口与样式→④对评审因素、缺项/满分、最低、最高、评审标准双击进行编辑，如图 2.11 所示。

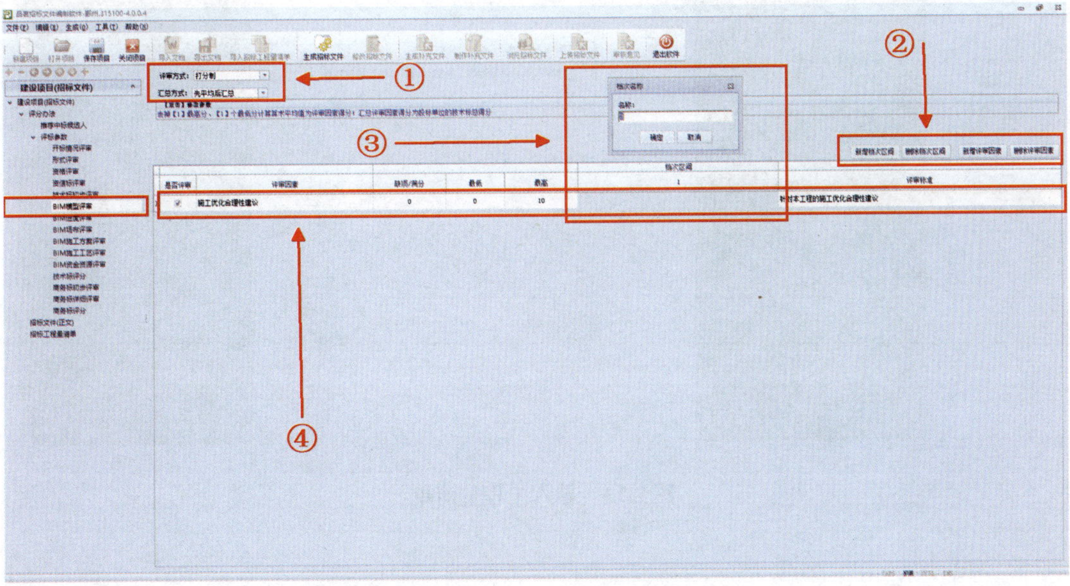


图 2.11　BIM 评审参数设置

导入招标文件：点击“招标文件（正文）”→点击导入文档（导入编辑完成的 word 招标文件），如图 2.12 所示。

图 2.12 导入招标文件

导入工程量清单：点击“招标工程量清单”→①导入招标工程量清单（导入.zbs 格式工程量清单）→②生成招标文件，如图 2.13 所示。

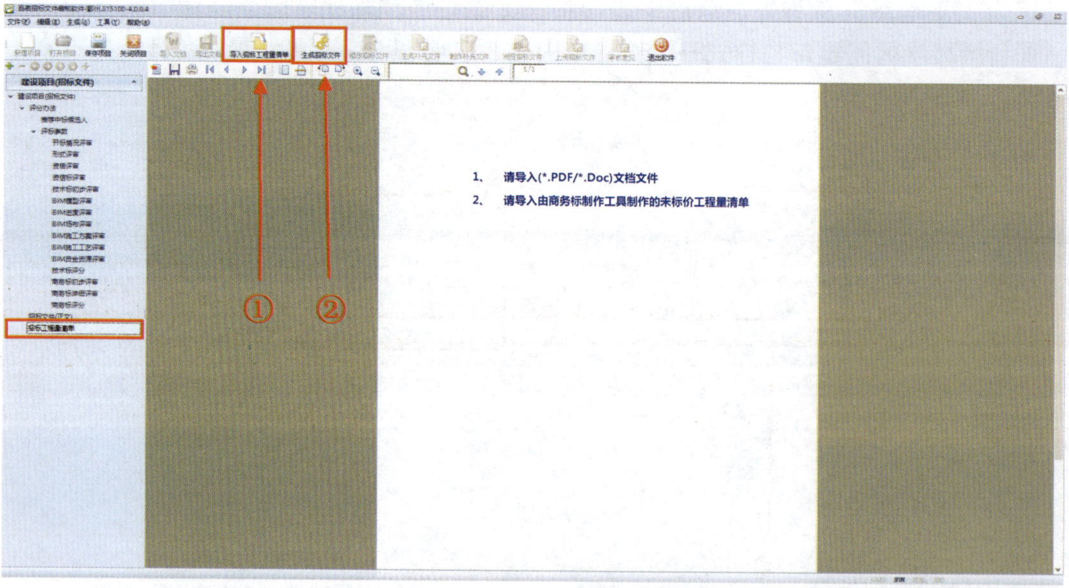


图 2.13 导入工程量清单

# 项目3 建设工程投标

## 任务3.1 建设工程投标的一般程序

【引例】

一、项目名称及内容

1．招标编号：19AT0519402209

2．项目名称：××办公楼项目

3．项目概况：

（1）本项目建筑基底面积1132.54m²，地上建筑面积5581.74m²，地下建筑面积2196.74m²（其中消防水池面积为271.93m²），总建筑面积7778.48m²。

（2）项目总投资约1200万元。

4．标段划分：一个标段。

5．资金来源：自筹资金。

二、投标人资格要求

1．投标人资格要求：

（1）具有独立法人资格和有效的营业执照。

（2）具有建筑工程施工总承包二级及以上资质。

（3）具有有效安全生产许可证。

（4）2016年1月1日以来（以竣工验收日期为准）具有类似工程业绩，需提供合同和竣工验收证明资料，合同或竣工验收证明资料需满足要求的建筑面积或金额，若上述文件中未描述信息的可以用中标通知书共同证明，否则不予证明。

2．项目经理（项目负责人）资格要求：

（1）具有建筑工程专业二级注册建造师证书和有效的安全生产考核合格证书（安全B证）。

（2）无在建工程（投标人出具承诺书并加盖公章），否则一经查实，将取消其中标资格。

三、报名及投标文件发售方法

1．招标文件发售时间：2019年6月10日至2019年6月14日下午17:30（北京时间，下同，节假日及双休日除外）。

2．招标文件价格：每套人民币400元整，招标文件售后不退。

3．报名方式：……

四、开标时间及地点

……

五、投标截止时间：2019 年 6 月 28 日上午 9:00。

六、联系方式

……

七、保证金账户

中国建设银行：……

【思考】

（1）投标的基本工作程序是什么？

（2）参加资格预审应提交哪些资料？

（3）编制资格预审文件应注意什么问题？

投标有时也称报价，是指投标人（或承包人）根据所掌握的信息，按照招标人的要求，参与投标竞争，以获得工程建设承包权的法律活动，包括从填写资格预审文件开始到将投标文件送交业主或招标代理机构，以及中标后签订承包合同为止所进行的全部工作。从看到招标人发布的招标公告或收到投标邀请书，投标人就开始参与到招标投标过程中了。

招标与投标是一个有机整体，招标是建设单位在招标投标活动中的工作内容，投标则是承包商在招标投标活动中的重要活动，也是建筑企业取得承包合同的主要途径。

任何一个项目的投标都是一项系统工程，必须遵循一定的程序。投标人的投标程序如图 3.1 所示。

### 3.1.1 投标的前期工作

#### 3.1.1.1 获取投标信息

《招标投标法》规定：招标的方式有两种，即公开招标和邀请招标。因此，投标人获取投标信息的方式相应的也有两种：一是通过大众媒体（如报刊、专业杂志、广播电视、网络等）所发布的招标公告获取投标信息；二是收到招标人发出的投标邀请书。

#### 3.1.1.2 决策是否投标

投标人在进行前期投标决策时，应综合考虑以下几方面的情况：①承包招标项目的可行性与可能性，如本企业是否有能力承包该项目，能否抽调出管理力量、技术力量投入该项目承包；②招标项目的可靠性，如项目立项审批是否已完成，资金是否已经落实等；③招标项目的承包条件等。

如果有下列情形，承包商应该主动放弃投标：工程规模、技术要求超过本企业技术等级的项目；本企业业务范围和经营能力之外的项目；本企业承包在手的任务比较饱满，而招标项目风险较大；本企业技术力量、管理力量明显不如竞争对手的项目。

总之，投标人必须深入细致地了解分析招标项目内部、外部各方面情况，综合权衡后做出正确的投标决策，以减少工程实施过程中的风险。

### 3.1.2 参加资格预审

资格预审是招标人在正式招标前，对拟参加投标的企业的资格和能力进行的预先审查。投标人在前期工作的基础上，作出参加投标的决定后，就要准备资料参加投标。一般要经过以下过程：投标报名→领取资格预审文件→编制资格预审文件→提交资格预审文件→通过资格预审后领取招标文件。

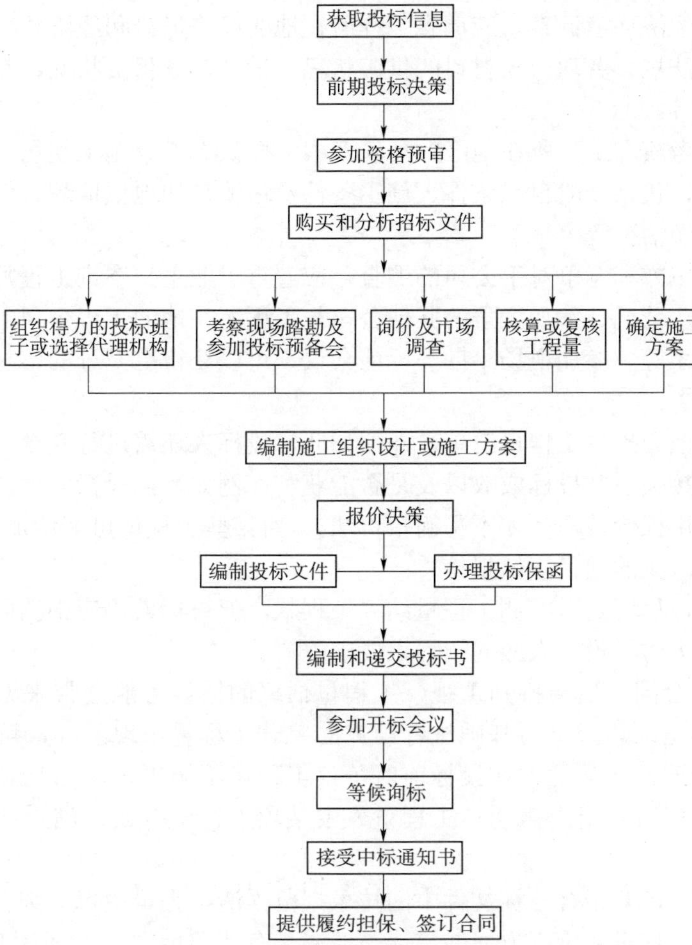


图 3.1 投标工作程序

### 3.1.3 购买和分析招标文件

投标人在取得竞争资格、获得投标文件之后首先要对招标文件进行全面透彻的研究。

研究招标文件的重点应放在投标者须知、合同条款、设计图纸、工程范围及工程量表上，还要研究技术规范要求，看是否有特殊要求。

投标人应重点注意招标文件中的以下几个方面的问题：投标人须知、投标书附录与合同条件、技术说明、永久性工程之外的报价补充文件。

### 3.1.4 收集资料、准备投标

招标文件购买后，投标人就应进行具体的投标准备工作，投标准备工作包括：组建投标班子，进行现场踏勘，计算和复核招标文件中提供的工程量，参加投标预备会，询问了解市场情况等内容。

#### 3.1.4.1 进行各项调查研究与现场勘察

在研究招标文件的同时，投标人需要展开详细的调查，深入现场收集有关资料，做好充分的研究准备工作，因为在招标文件中不可能包括所有需要知道的实际情况。通过现场勘察，可以将可能影响招标工程成本、工期等制约因素的有关情况详细了解清楚。现场勘察要特别注意收集以下资料：

（1）市场宏观经济环境调查，应调查工程所在地的经济形势和经济状况，包括与投标工程实施有关的法律法规、劳动力与材料的供应状况、设备市场租赁状况、专业施工公司的经营情况与价格水平等。

（2）工程现场考察和工程所在地区的环境考察，要认真考察施工现场，认真调查具体工程所在地区的环境，包括一般自然条件、施工条件及环境，如地质地貌、气候、交通、水电等的供应和其他资源情况等。

（3）对工程业主方和竞争对手公司的调查，应着重于业主、咨询工程师的情况，尤其是业主的项目资金落实情况、参加竞争的其他公司与工程所在地的工程公司的情况、与其他承包商或分包商的关系等。参加现场踏勘与标前会议，可以获得更充分的信息。

**3.1.4.2 复核工程量**

招标文件中一般会提供工程量清单，即便如此，投标人还需进行复核。因为工程量清单是否符合实际，直接关系到投标成败以及是否能获利。例如，当投标人大体上确定了工程总报价后，可适当采用报价技巧（如不平衡报价法），对某些工程量可能增加的项目提高报价，而某些工程量可能减少的项目降低报价。

对于单价合同，尽管是以实测工程量结算工程款，但投标人仍应根据图纸仔细核算工程量。当发现相差较大时，投标人应向招标人要求澄清。

对于总价固定合同，更要特别重视，工程量估算的错误可能会带来无法弥补的经济损失，因为总价合同是以总报价为基础进行结算的，若工程量出现差异，可能对施工方极为不利。对于总价合同，如果业主在投标前对争议工程量不予更正，而且是对投标者不利的情况，投标者在投标时要附上声明：工程量表中某项工程量有误，施工结算应按实际完成量计算。

复核工程量时，还要结合招标文件中的技术规范弄清工程量中每一细目的具体内容，避免出现计算单位、工程量或价格方面的错误与遗漏。有些招标文件中没有工程量清单，则投标人需根据设计图纸自行计算。

**3.1.4.3 选择施工方案**

施工方案包括的内容很多，主要有：施工方法的确定、主要施工机具和设备的选择、各工种劳动力的安排及现场施工人员的平衡、施工进度及分批竣工的安排、安全措施等。施工方案是报价的基础和前提，也是招标人评标时要考虑的重要因素之一。

施工方案应由投标单位的技术负责人主持制定，施工方案的制订应在技术、工期和质量保证等方面对招标人有吸引力，同时又有利于降低施工成本。

（1）施工总体部署和场地总平面布置。

（2）选择和确定施工方法。应根据实际情况和自身的施工能力来确定各类工程的施工方法。对各种不同的施工方法应当从保证完成计划目标、保证工程质量、节约设备资源、降低劳动成本等多方面综合比较，选定最适用、经济的施工方案。

（3）选择相应的施工机械设备。计算所需机具设备的数量和使用周期，确定采购新设备、租赁当地设备或调动企业现有设备等方案。

（4）要研究确定工程分包计划。根据概略指标估算劳务数量，考虑其来源及进场时间安排，并且按照所需的劳务数量，估算所需管理人员和生活性临时设施的数量和标准等。

（5）确定主要材料需用量、来源及分批进场的时间。用概算指标估算主要的和大宗的建筑材料的需用量，考虑其来源和分批进场的时间安排，从而可以估算现场用于储存、加工的临时设施。

（6）确定现场水电需用量、来源及供应设施，确定临时设施的数量和标准。

### 3.1.5 编制和提交投标文件

投标人按照招标人的要求完成标书的准备和填报之后，就可以向招标人正式提交投标文件。在投标时应该注意以下几个方面：

（1）投标的截止日期。投标人在规定的投标截止日期之前，必须将准备妥善的所有投标文件密封递送到招标单位。投标人在投标截止日期之前所提交的投标是有效的，超过该日期之后就会被视为无效投标，招标人可以不接受，或算作废标。标书投递也不宜过早投递，以免泄漏信息。

（2）投标文件的完备性。投标人应当按照招标文件的要求编制投标文件。投标文件应当对招标文件提出的实质性要求和条件作出响应。投标不完备或投标没有达到招标人的要求，在招标范围以外提出新的要求，均被视为对招标文件的否定，不会被招标人所接受。投标人必须为自己所投出的标负责，如果中标，必须按照投标文件中华所阐述的方案来完成工程，这其中包括质量标准、工期与进度计划、报价限额等基本指标以及招标人所提出的其他要求。

（3）标书的标准。标书的提交需要有固定标准的要求，基本内容是签章和密封。如果不密封或密封不满足要求，视标书为无效标。

目前国内工程投标一般不提前递交投标文件，而是开标时递交，同时参加开标会议。

（4）投标的担保。投标保证金可以采用现金支票、银行汇票、银行保函等形式支付，《中华人民共和国招标投标法实施条例》（简称《招标投标法实施条例》）规定：投标保证金不得超过招标项目估算价的 2%，投标保证金有效期应当与投标有效期一致。如招标文件规定投标保证金为合同总价的某个百分比。应注意开具的投标保函不要太早，以防泄露报价。

投标人撤回已提交的投标文件，应当在投标截止时间前书面通知招标人。招标人已收取投标保证金的，应当自收到投标人书面撤回通知之日起 5 日内退还。投标截止后投标人撤销投标文件的，招标人可以不退还投标保证金。

### 3.1.6 参加开标会议

投标人在编制和提交完投标文件后，应按时参加开标会议。开标会议由投标人的法定代表人或其授权代理人参加。如果是法定代表人参加，一般应持有法定代表人的资格证明书；如果是委托代理人参加，一般应持有授权委托书。许多地方规定，不参加开标会议的投标人，其投标文件将不予启封。

在评标过程中，评标组织根据情况可以要求投标人对投标文件中含义不明确的内容作必要的澄清或者说明，这时投标人应积极地予以澄清或说明。

### 3.1.7 接受中标通知书、提供履约担保、签订合同

经过评标，投标人被确定为中标人后，应接受招标人发出的中标通知书。中标人在收到中标通知书后，应在规定的时间和地点与招标人签订合同。《招标投标法》规定招标人和中标人应当自中标通知书发出之日起 30 日内订立书面合同，合同内容应依据招标文件、投标文件的要求和中标的条件签订。招标文件要求中标人提交履约保证金的，中标人应当按招标人的要求提供。合同正式签订之后，应按要求将合同副本分送有关主管部门备案。

# 任务 3.2 建设工程投标文件的编制和提交

**【引例】**

一、投标须知

工程名称：××县第×人民医院新院区二期工程施工图设计。

招标人：××县第×人民医院。

招标方式：公开招标。

资金来源：自筹＋政府补助。

设计周期：总设计周期 60 日历天（不含评审时间）。

设计费用概算：500 万元。

标段划分：本项目划分为 1 个标段。

质量要求：合格验收。

二、投标文件格式及密封要求

1．投标人应将商务标投标文件和技术标投标文件分别密封装订并标明“商务标”“技术标”。

2．投标文件的正本和所有副本应分别密封，并在密封袋上清楚地标明“正本”或“副本”，密封袋封口处应密封，并应加盖投标人法人章及法定代表人印章。

3．商务标投标文件和技术标投标文件在投标文件密封袋上均应写明：招标人名称；招标编号；工程名称；××年××月××日××时××分开标，此时间以前不得开封；投标人名称和地址。

4．电子清单计价文件随商务标正本封装。技术标光盘（如有）随技术标正本封装。

5．如果投标人未按上述要求密封及加写标记，招标代理机构对投标文件的误投和提前启封概不负责。对由此造成提前开封的投标文件将予以拒绝，并退还给投标人。

三、投标文件提交

1．投标人应按招标时间安排表中规定的地点，于截止时间前提交投标文件。

2．投标文件提交的截止时间见招标时间安排表的规定。

3．招标人可按本招标文件第 9、第 10 条款规定以澄清或修改、补充通知的方式，酌情延长提交投标文件的截止时间。在此情况下，投标人的所有权利和义务以及投标人受制约的截止时间，均以延长后新的投标截止时间为准。

4．到投标截止时间止，招标人收到的有效投标文件少于 3 个的，招标人将依法重新组织招标。

5．迟交的投标文件。招标人在规定的投标截止时间以后收到的投标文件，将被拒绝并退回给投标人。

6．投标文件的补充、修改与撤回。投标人在提交投标文件以后，在规定的投标截止时间之前，可以书面形式补充、修改或撤回已提交的投标文件，并以书面形式通知招标人。补充、修改的内容为投标文件的组成部分。

7．投标人对投标文件的补充、修改或撤回通知，应按须知第二条有关规定密封、标记和提交，并在投标文件密封袋上清楚标明“补充”“修改”或“撤回”字样。否则，补充、修改或撤回通知无效。

8．在投标截止时间之后，投标人不得补充、修改投标文件。

【思考】

（1）建筑工程施工投标文件由哪些内容组成？

（2）编制投标文件要注意什么？

建设工程施工投标文件是招标人判断投标人是否愿意参加投标的依据，也是评标委员会进行评审和比较的对象，中标的投标文件和招标文件一起成为订立合同的法律依据。因此，投标人必须高度重视建设工程施工投标文件的编制和提交工作。

### 3.2.1 建设工程施工投标文件的组成部分

建设工程施工投标人应按照招标文件的要求编制投标文件。《招标投标法》规定：“投标文件应当对招标文件提出的实质性要求和条件作出响应。”所谓实质性要求和条件，是指招标项目的价格、项目进度计划、技术规范、合同的主要条款等，投标文件必须对之作出响应，不得遗漏、回避，更不能对招标文件进行修改或提出任何附带条件。但投标人拟在中标后将中标项目的部分非主体、非关键性工作进行分包的应在投标文件中载明。

投标文件是衡量一个施工企业的资历、质量和技术水平、管理水平的综合文件，也是评标和决标的主要依据。承包商作出投标决策之后，就应着手按照招标文件的要求编制标书，对招标文件提出的实质性要求和文件作出响应。一般来说，投标文件由投标书、商务标书、技术标书等三个部分组成，具体包括以下内容：

（1）投标函。

（2）投标书附录。

（3）投标保证金。

（4）法定代表人资格证明书。

（5）法定代表人不到场情况下出具的法定代表人授权书。

（6）具有标价的工程量清单与报价表。

（7）辅助资料表。包括企业营业执照和资质证书；自有资金情况；职工情况，包括技术人员技术工人数量及平均技术等级等；企业自有的主要施工技术设备一览表；近3年承建的主要工程及其质量情况；现有主要施工任务，包括在建和尚未开工工程一览表等。

（8）资格审查表（资格预审的不采用）。

（9）对招标文件中的合同协议条款内容的确认和响应。

（10）施工组织设计或施工方案。

（11）招标文件要求提交的其他内容。

上述（1）至（6）及（9）项内容组成商务标，（10）项为技术标的主要内容，（7）、（8）项内容组成资信标内容或并入商务标、技术标，具体根据招标文件规定。

投标人必须使用招标文件提供的投标文件表格格式，但表格可以按同样格式扩展。招标文件中拟定的供投标人投标时填写的一套投标文件格式，主要有投标书及投标书附录、工程量清单与报价表、辅助资料表等。

### 3.2.2 编制投标文件的注意事项

（1）投标人编制投标文件时必须使用招标文件提供的投标文件表格格式。填写表格时，凡要求填写的空格都必须填写；否则，即被视为放弃该项要求。重要的项目或数字，如工期、质量等级、价格等未填写的，将被作为无效或作废的投标文件处理。

（2）编制的投标文件“正本”仅一份，“副本”则按照招标文件中要求的份数提供，同时要明确标明“投标文件正本”和“投标文件副本”字样。投标文件正本和副本如有不一致之处，以正本为准。

（3）投标文件正本与副本均应使用不能擦去的墨水打印或书写。投标文件的书写要字迹清晰、整洁、美观。

（4）所有投标文件均由投标人的法定代表人签署，并加盖法人单位公章。其中投标报价应由造价工程师签字，加盖执业专用章和单位公章。

（5）填报的投标报价应反复校核，保证分项和汇总计算均无错误。全套投标文件均无涂改和行间插字，除非这些删改是根据招标人的要求进行的，或者是投标人造成的必须修改的错误。修改处应由投标文件签字人签字证明并加盖印章。

（6）如招标文件规定投标保证金为合同总价的某百分比时，开具投标保函不要太早，以防泄露报价。但有时投标人也可以提前开出并故意加大保函金额，以麻痹竞争对手。

（7）投标文件应严格按照招标文件的要求进行包封，避免由于包封不合格造成废标。

（8）如果是联合体投标，应提供联合体投标协议书；否则，视为无效标书。

（9）认真对待招标文件中关于无效标和废标的条件，以免前功尽弃。

（10）投标书的补充、修改或撤回。我国相关法律规定，投标文件送交后，投标人可以进行补充、修改或撤回，但必须在投标截止时间前以书面形式通知招标人。

### 3.2.3 提交投标文件

投标人应在招标文件规定的投标截止日期前将投标文件密封提交给招标人。招标人收到投标文件后，应当向投标人出具标明签收人和签收时间的凭证。在开标前任何单位和个人不得开启投标文件。当招标人延长了递交投标文件的截止日期，招标人与投标人以前在投标截止期方面的全部权利、责任和义务，将适用于延长后新的投标截止日期。在投标截止日期以后送达的投标文件为无效的投标文件，招标人将拒收。

投标人提交投标文件以后，在招标文件规定的投标文件的截止日期之前，可以补充、修改、替代或撤回已提交的投标文件，并采用书面形式通知招标人。在招标文件规定的投标截止时间以后到投标有效期终止之前，投标人不能补充、修改、替代或撤回其投标文件。投标人补充、修改、替代或撤回其投标文件的通知，应按招标文件中投标须知的规定，编制、密封、加写标志，补充、修改的内容作为投标文件的组成部分。

投标保证金应随投标文件一并提交招标人，也可以在投标截止日期前将保证金通过本单位的基本账户转到指定账户（并已到账），转账凭证原件需保留，以做评标备查。投标人不按招标文件要求提交投标保证金的，该投标文件将被拒绝，作废标处理。

**【案例分析】**

武警某部交通第一支队设计招标项目。考虑到该项目的一些特殊专业要求，招标人决定采用邀请招标的方式。随后招标人向具备承包条件且经验丰富的A、B、C三家承包商发出投标邀请。A、B、C 三家承包单位均接受了邀请并在规定时间、地点领取了招标文件。接下来，三家投标单位都按规定时间提交了投标文件。但投标单位 A 在送出投标文件后发现由于对招标文件的技术要求理解错误造成了报价估算有较严重的失误，遂赶在投标截止时间 10 分钟前向招标人递交了一份书面声明，要求撤回已提交的投标文件。请问：投标单位 A 提出的撤回投标文件的要求是否合理？为什么？

答：合理。根据《招标投标法》的规定，投标人在招标文件要求提交投标文件的截止时间前，可以补充、修改或者撤回已提交的投标文件，只要书面通知招标人即可。

## 任务 3.3 建设工程 BIM 投标阶段应用

【引例】

××××公司在电子交易平台发起了×××写字楼的招标公告后，投标人××××建设有限公司在交易平台下载了投标文件、BIM 模型、P-BIM 模型，通过招标文件内的“BIM 评审点”要求进行响应，制作完成后在规定的开标时间携带 BIM 投标文件（加密）与投标文件（密封）达到开标现场进行开标。

【思考】

（1）响应“BIM 评审点”需要用到什么软件？

（2）BIM 投标文件的制作方法有哪些？

### 3.3.1 BIM 投标技术标制作

投标单位通过交易平台将电子招标文件、BIM 模型、工程量清单按照招标文件中的评审要求，通过 BIM 软件进行制作之后，使用投标文件制作工具进行响应。

随着建筑信息化的发展，BIM 技术逐渐成熟，并得到了较好的普及，从原本的大型施工项目普及到了中小型项目。在投标过程中，需在技术标中明确 BIM 技术的应用点与应用形式。

#### 3.3.1.1 BIM 模型优化评审点、管线深化设计评审点及排砖评审点

传统图纸以 2D 平面图为主，图纸中包含点、线、面的元素概念，这些信息散碎且需要很强的专业知识才可以读懂，对于外行人来说理解有一定的难度，且不易发现平面图中所出现的错、缺、漏的地方，优化难度大。

可通过 Revit 软件或者 HiBIM 软件对招标人的 BIM 模型进行优化与深化设计，查看图纸修改错漏或与实际不符之处；使用软件深化设计功能对机电管线进行管道绕弯处理等，如图 3.2 所示。

本次投标人使用 HiBIM 软件对招标文件中 BIM 模型管线深化设计评审点及排砖评审点进行响应，用 HiBIM 软件对模型进行优化。

工程中管道种类繁多、大小不一、材质多样、过于集中，支管及附件复杂。因管道多，专业交叉施工现象严重且空间有限，管线合理综合排布对管道能否安全施工、降低成本、方便检修且美观起决定性作用。按照原设计图纸给出的管道井大样图进行绘制时，发现消防自喷淋管与空调供回水管存在严重交叉现象。统计每根管道所属系统用途、管道穿越的楼层及其支管的走向、管道的变径位置、管道的保温材料及厚度，结合管道井尺寸进行调整及综合

布置。以下为优化过程中所需要注意的事项。

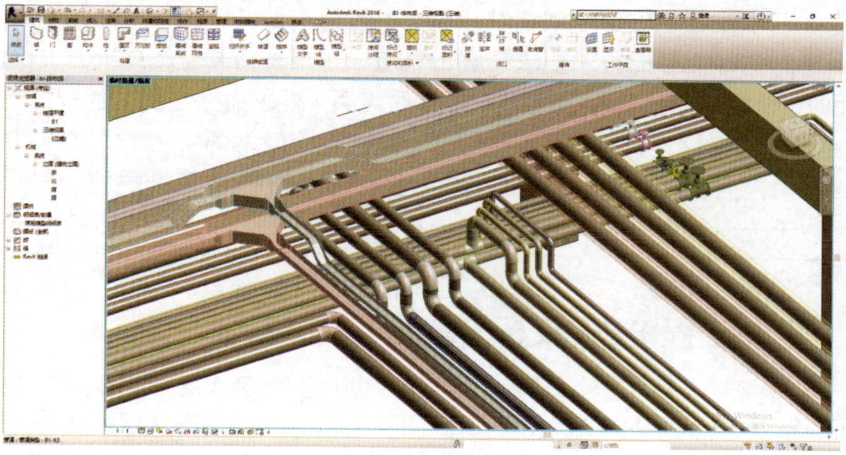

图 3.2 管道绕弯功能

1. 留洞核查

（1）机电管线穿剪力墙、楼板是否留洞，如风管、风口、水管、电缆桥架等。

（2）留洞位置、尺寸是否满足要求。留洞位置应避开梁、柱、楼梯等，不能影响建筑使用功能；留洞尺寸一般比管线要大。

（3）梁上留洞是否满足规范要求。管线位于梁体中部 1/3 处为最好，即管中与梁中线重合最好，管洞上下距梁顶底距离不小于梁高的 1/3。

2. 管井核查

（1）管井内是否有梁。一般情况下管井内不会有梁，尤其是风井内。

（2）梁是否会与机电管线冲突，主要是立管穿梁情况。

（3）桥架、母线槽、水管在管井内会贴墙安装，注意此墙是否贴梁边沿，防止出现管线避梁翻弯情况。

3. 净高核查

（1）坡道、设备运输通道是否满足净高要求。

（2）管线密集处是否满足净高要求。

（3）大管线经过区域是否满足净高要求。

（4）重力排水管道经过区域是否满足净高要求。

（5）机电管线经过楼梯间是否能满足净高要求，不能出现碰头。

4. 防火卷帘核查

（1）梁下、柱帽下净高是否满足卷帘安装高度要求（卷帘＋卷帘盒后的高度）。

（2）是否存在梁下与卷帘之间预留管线安装空间不足的情况。

（3）是否存在防火卷帘高度不满足净高要求的情况。

（4）是否存在机电管线设计在卷帘里面的情况。

5. 门高核查

（1）是否存在门高超出层高、坡道下门高超出坡道下净高等情况（夹层、坡道下方易出现此情况）。

（2）是否存在电梯门高超出层高、预留电梯门洞净高不足等情况（夹层易出现此情况）。

（3）梁下、柱帽下净高是否满足门安装高度要求。

（4）是否存在梁下与门之间预留管线安装空间不足的情况。

6. 风井吊板、双层板核查

（1）吊板预留空间是否满足风管尺寸要求。

（2）双层板预留空间是否满足风管尺寸要求。

（3）双层板下方管线综合排布以后是否满足净高要求。

（4）风管穿吊板、双层板是否留洞。

（5）暖通、结构、建筑三专业图纸是否都有标注且标注一致。

7. 空调机位吊板核查

（1）空调机位吊板位置设置是否合理。

（2）机电管线穿空调机位吊板是否留洞。

8. 水管核查

（1）管道系统是否完整，管道信息标注是否正确（如喷淋、消火栓、生活给水、雨水、排水等）。

（2）平面图和系统图是否能对上，管道编号是否对应。

（3）管道排布位置是否合理。不能平行位于桥架正上方，不能穿越风井，不能进入电气用房，如高低压配电房、控制室、电梯机房等。

（4）管道翻弯时尽量上翻。下翻会产生积水、存渣，即使安装泄水阀，水排往何处也是个问题。

（5）暖通水管贴梁底布置时，需要考虑预留保温厚度。

9. 风管核查

（1）系统是否完整，风管信息标注是否正确，如送风、回风、排风、新风、防排烟、厨房油烟、预留风管等。

（2）平面图和系统图是否能对上，系统编号是否对应。

（3）注意风口位置，下送还是侧送，不能遮挡风口。

（4）高低压配电房内的风管不要位于配电柜等电气设备的正上方。

（5）风机房平面图与大样图是否相符。

（6）管线综合过程中往往因为净高不够，需对风管系统深化设计，通常对风管进行压扁处理。空调、通风风管主风管通常设计风速在 6～8m/s，排烟管在 15m/s，排烟补风通常设计在 10m/s 以内，而且风管宽高比以不大于 4 为宜。

10. 电缆桥架核查

（1）系统是否完整，桥架信息标注是否正确，如强电桥架、消防桥架、通信桥架、母线槽等。

（2）桥架翻弯尽量采用 45°斜角弯。

（3）母线槽尽量不要翻弯。母线槽弯头需定制，成本代价高。

（4）为避免电磁场效应，必须保证强电桥架不能进入弱电间。

（5）多层桥架之间排布，上下层桥架之间净间距保持在 250mm 以上。

（6）桥架共架时，强弱电桥架不小于 300mm 为宜，同种桥架之间间距控制在 50～100mm。

11. 其他

（1）机电管线经过架空、悬挑、跨层等区域是否合理。

（2）是否有机电管线经过玻璃雨棚、天窗、中庭等用于观景或采光区域。

（3）是否存在立管未沿墙或柱安装的情况。立管一般都要求沿墙或柱安装。

（4）BIM 建筑、排水、机电管线交叉、排布避让原则。

12. 管道交叉处理的原则

（1）排水管道施工时若与其他管道交叉，采用的处理方法须征得权属单位和其他单位同意。

（2）管道交叉处理中应当尽量保证满足其最小净距，且有压管道让无压管、支管避让干线管、小口径管避让大口径管。

13. 机电安装工程管线综合排布策划

（1）管线综合排布策划目的。经过优化，对管线、设备综合排布，使管线、设备整体布局有序、合理、美观，最大限度地提高和满足建筑使用空间，降本增效。

机电安装工程施工前的总体策划是保证机电安装工程质量的必要阶段，对于现代建筑工程，特别是具有较复杂功能的智能建筑，其机电系统很复杂，子系统很多。而机电系统全部都是由管、线将功能设备联结而成，这些管、线、设备在建筑物内必定要占据一定的空间，而现代建筑的内部空间是有限的。所以，机电安装工程的管、线、设备的合理布置就成为机电安装工程施工策划的首要任务。

（2）管线综合排布策划组织与实施。总包单位在机电工程开工之前就应完成各系统的管道、电气线路、机电设备的布置，并与土建专业进行全面协调。结构施工时应做好密切配合，做好预留预埋工作。避免在机电安装施工时在主体结构上开洞，并可以使土建和机电的细部处理都能够预留足够的空间。

（3）管线综合排布与避让原则。一般自上而下应为电、风、水。由于风管的截面最大，所以一般在综合布置管道时应首先考虑风管的标高和走向，但同时要考虑较大管径水管的布置，尽量避免大口径水管和风管在同一房间内多次交叉，尽量减少水、风管道转弯的次数，避免无谓地增加水、风的流动阻力，同时可以避免水、风管道产生气阻、喘震、水击等问题。

管道排布避让原则：小管避让大管，有压管避让无压管，水管避让风管，电管、桥架应在水管上方。先安装大管，后安装小管；先施工无压管，后施工有压管；先安装上层的电管、桥架，后安装下层水管。

（4）管线综合排布策划的效果要求。

1）在保证满足设计和使用功能的前提下，管道、管线尽量暗装于管道井、电井内、管廊内、吊顶内。要求明装的尽可能将管线沿墙、梁、柱走向敷设，最好是成排、分层敷设布置。从而达到管线多而不乱、排布错落有序、层次分明、走向合理、管线交叉处置得当、安装美观的要求。

2）正确、合理设置支、吊架。尽量使用共用支、吊架，保证管道支吊架的规范间距，降低工程成本。

二次结构作为建筑工程的主要组成部分，其细部节点繁多，传统的施工方式与现场管理条件难以实现精细化，以致施工现场对原材料切割的随意性较大，存在着较普遍的严重浪费、损耗现象。本项目旨在利用 BIM 技术于施工前将所有砌块、圈梁、构造柱、导墙、顶砖、门窗洞口及过梁的空间位置预先做好定位及统计，同时将非标准砌块、非标准构件提前做好工厂式加工，并将所需构件、材料有针对性地提前运输至相应区域，以达到节约施工材料耗损率、降低施工成本等目的。

通过软件的排砖功能设置材料尺寸、厚度、砌筑方式等对评审点进行响应，如图 3.3 所示。

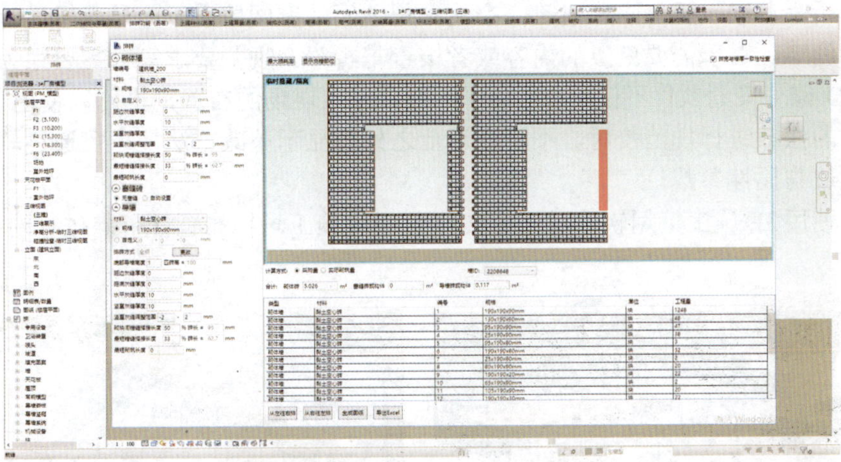

图 3.3　“排砖功能”对话框

#### 3.3.1.2　BIM 施工进度模拟评审点

以往的技术标使用的是电子版横道图或施工横道图，在平面中显示分项工程名称、计划工期，最后绘制横道线来表示施工进度的模拟，使得初步接触施工横道图的人员无法快速模拟出施工过程。

通过 BIM 3D 施工策划软件的“施工模拟”功能设置 4D 进度模拟，可以更改每个节点构件的工期、开始时间、结束时间，最后设置动画样式，生成 4D 的施工模拟动画，以施工动画的形式表达出施工全过程。

本次投标人使用 3D 施工策划软件对招标文件中 BIM 施工进度模拟评审点进行响应如图 3.4 所示。

图 3.4　BIM 施工进度模拟

#### 3.3.1.3 BIM施工场地布置评审点

以往的施工场地布置通过绘制平面图来表达场地的布置。它是按照施工部署、施工方案和施工总进度计划的要求，将施工现场的交通道路、材料仓库、附属生产或加工企业、临时建筑，临时水、电、管线等合理规划和布置，并以图纸的形式表达出来，从而正确处理全工地施工期间所需各项设施与永久建筑、拟建工程之间的空间关系，指导现场进行有组织、有计划地文明施工，对于需要更改的内容或者核查是否符合规范要求等都需要很烦琐的查改。

使用3D施工策划软件不仅可以在3D下查看施工现场的布置，也可以使用“规范检查”功能对构件的摆放进行规范校对，不符合规范之处会显示整改方法，还可通过软件快速地更改构件的摆放与属性参数。

投标人使用3D施工策划软件对招标文件中BIM施工场地布置评审点进行的响应如图3.5所示。

工作区　　生活区

规范检查　　办公区

图3.5　BIM施工场地布置评审点

#### 3.3.1.4 BIM施工方案评审点

传统的施工方案是根据一个施工项目指定实施方案，其中包括组织机构方案（项目管理各职能机构的构成、岗位职责、相互关系等）、人员组成方案（项目负责人、各组织机构负责人、各专业负责人等）、技术方案（进度计划、关键部位、工序施工技术预案、重大施工步骤预案等）、安全方案（安全总体要求、施工危险因素分析、安全措施、重大施工步骤安全预案等）、材料供应方案（材料供应流程、接保检流程、临时（急发）材料采购流程等）。此外，根据项目大小还有现场保卫方案、后勤保障方案等。

使用BIM脚手架工程设计软件或者BIM模板工程设计软件可直接根据BIM模型进行脚手架与模板支架的智能布置，在三维下可查看施工是否合理，在软件中可单独修改某一构件的布置形式，也可统一修改并进行智能安全计算，一键输出脚手架与模板且为符合规范要求的施工方案，在三维中可直接查看疑难点。

本次投标人使用 BIM 模板设计软件与 BIM 脚手架设计软件对招标文件中 BIM 施工方案评审点进行响应，模板施工方案如图 3.6 所示，脚手架施工方案如图 3.7 所示。

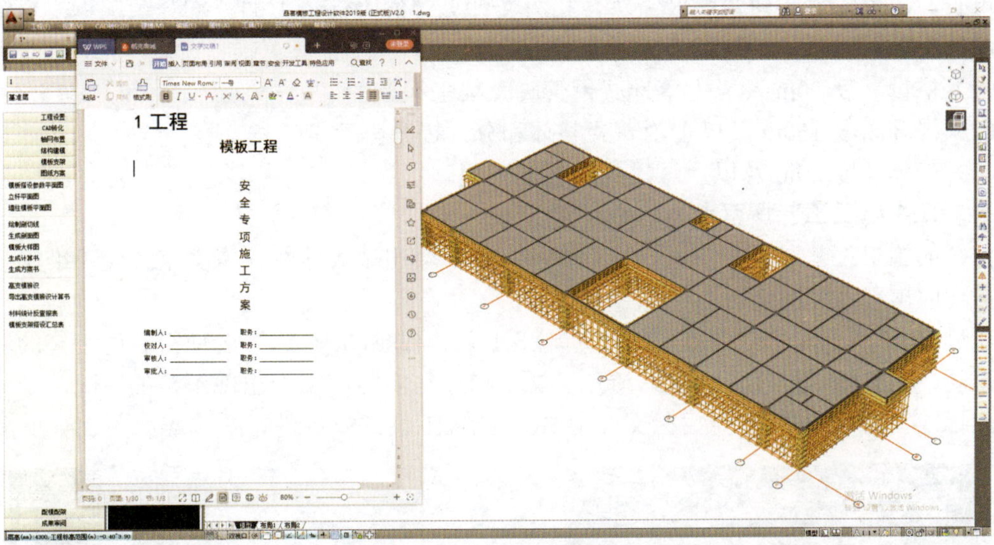


图 3.6　模板施工方案

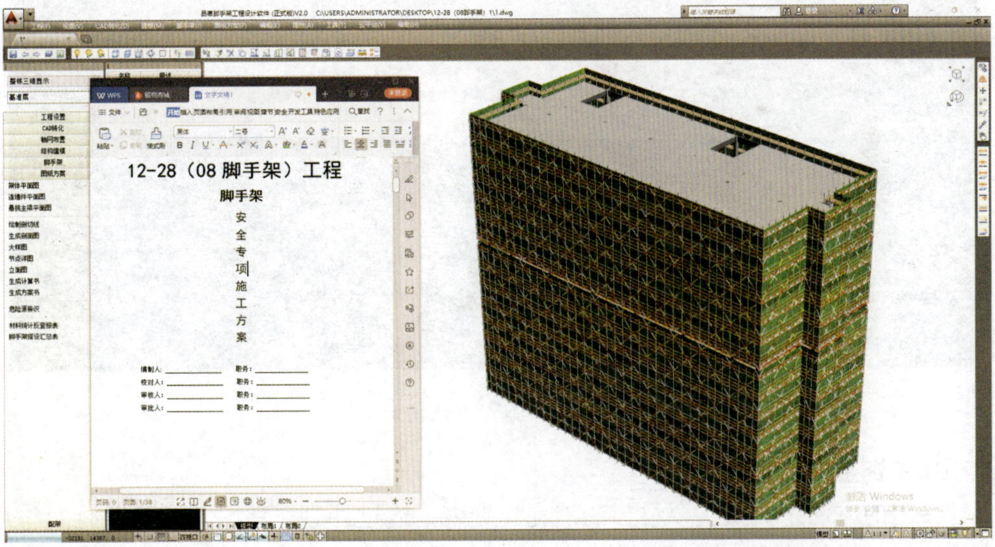


图 3.7　脚手架施工方案

在模板工程中需要专家论证，根据住房和城乡建设部的建质〔2018〕31 号文《危险性较大的分部分项工程安全管理规定》规定：

（1）危险性较大的分部分项工程中的混凝土模板支撑工程：搭设高度 5m 及以上；搭设跨度 10m 及以上；施工总荷载 10kN/m²及以上；集中线荷载 15kN/m 及以上；高度大于支撑水平投影宽度且相对独立无联系构件的混凝土模板支撑工程。

（2）超过一定规模的危险性较大的分部分项工程中混凝土模板支撑工程：搭设高度8m及以上；搭设跨度18m及以上；施工总荷载15kN/m²及以上；集中线荷载20kN/m及以上。

危险性较大的脚手架工程应由工程技术人员组成的专家组对安全专项施工方案进行论证、审查，而危险性与建筑高度无关。相关文件见《危险性较大的分部分项工程安全管理办法》中第七条第四部分。与以下三方面有关：

（1）搭设高度50m及以上落地式钢管脚手架工程。

（2）提升高度150m及以上附着式整体和分片提升脚手架工程。

（3）架体高度20m及以上悬挑式脚手架工程。

### 3.3.1.5 BIM施工工艺评审点

传统的施工工艺通过文字形式进行制作描述，会出现表达有误或文字描述不准确使得施工人员理解出现误差的情况。

通过flash动画制作软件制作出指定施工工艺的视频动画，这样会使得表达工艺的制作方式更直观、更方便，描述更清楚，避免了文字描述与实际施工中出现不符的情况。

投标人使用flash软件对招标文件中BIM施工工艺评审点进行的响应如图3.8所示。

图3.8 施工工艺动画

### 3.3.1.6 BIM资金资源评审点

以往使用的方法是提供主要材料的消耗计划表，通过计划表所显示的不同时间与月份不同的人工与材料进行估算。

使用资金资源模拟软件对资金资源消耗计划合理性做一个5D的模拟，在3D的基础上增加时间与资金资源的功能生成5D的模拟动画，可以很直观地看到模型建造过程资金、混凝土、人力等主要材料的消耗量，可以选择查看不同时间节点上建筑的完成情况与资金资源的消耗，可以与实际进行对比，通过导入招标人发出的P-BIM模型与project软件生成的进度计划和由投标商务标制作工具生成的“.tbs”文件进行制作。

投标人需使用5D资金资源模拟软件对BIM资金资源评审点进行响向如图3.9所示。

图 3.9　BIM 资金资源评审

### 3.3.2　BIM 投标商务标制作

工程量清单是建设工程的分部分项工程项目、措施项目、其他项目、规费项目和税金项目的名称和相应数量等的明细清单，体现了“项-量-价”之间的二维关系。

使用计价软件对招标人的清单套取相应的定额，再通过商务标投标工具生成“.tbs”格式的文件。“商务标投标”工具栏如图 3.10 所示。

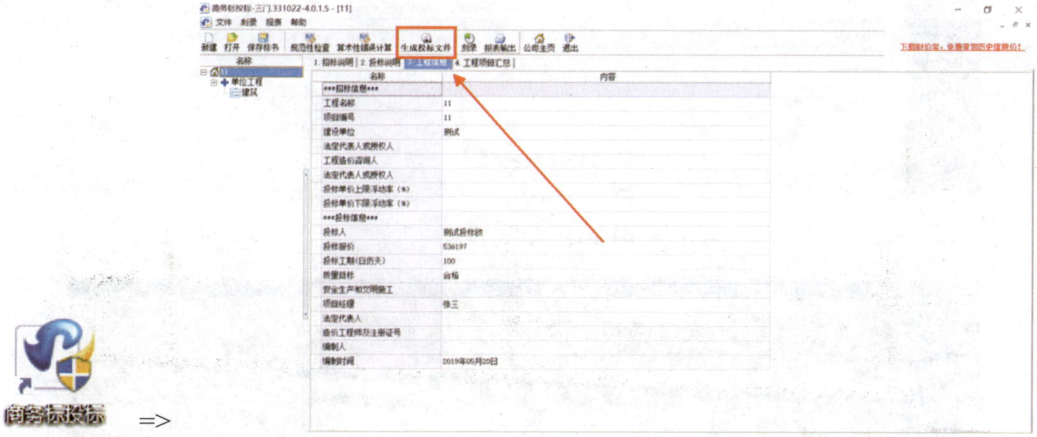


图 3.10　“商务标投标”工具栏

### 3.3.3　BIM 投标编制工具

通过 BIM 投标编制工具将完成的“BIM 评审点”模型文件与 flash 文件统一生成加密形式的 BIM 投标文件提交到开标现场。

打开“BIM 投标文件制作工具”，在投标工具中首先导入所需的模型文件，如图 3.11 所示。

下一步在 BIM 评审点下拉列表中选取相应文件对评审点进行对应，如图 3.12 所示。

可通过投标工具进行录制关键点说明（图 3.13），点击左侧相应评审点后会加载到模型视口，切换到响应视角点击“点击截图”。

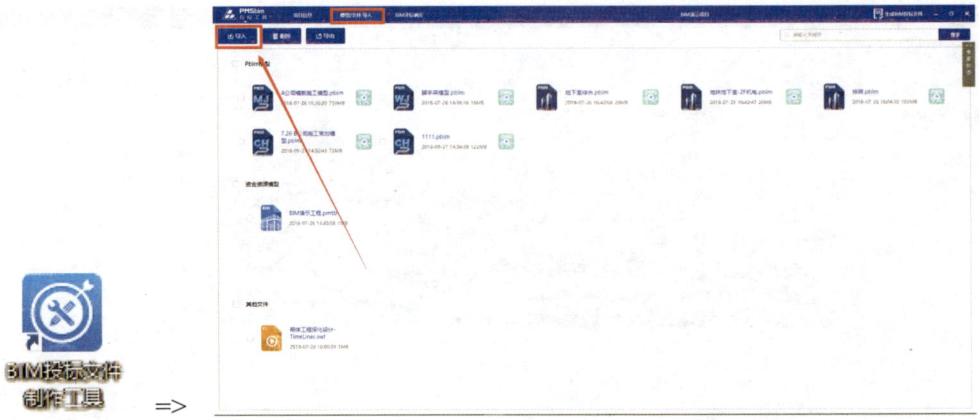


图 3.11　导入模型文件

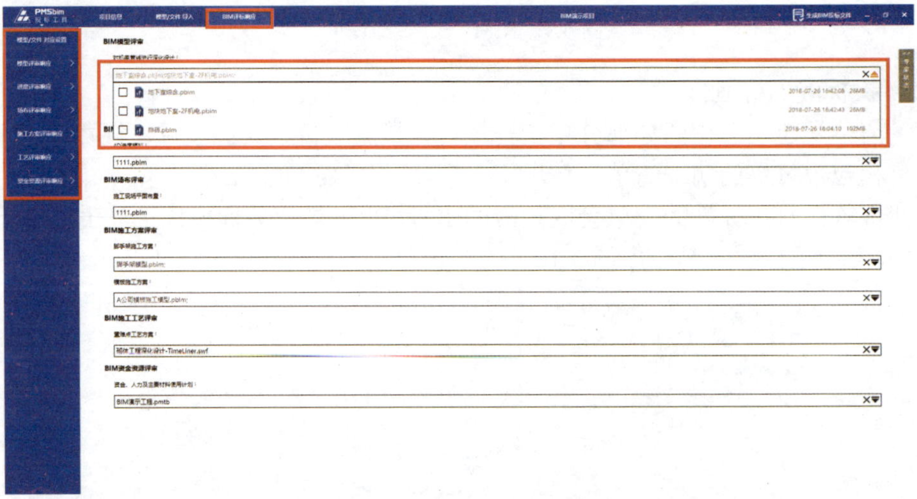

图 3.12　评审点对应

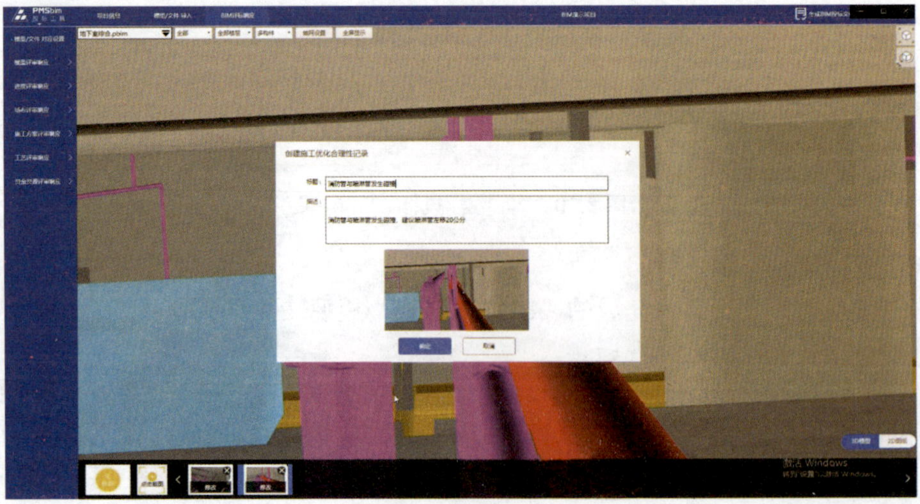

图 3.13　关键点说明

最后通过“生成 BIM 投标文件”工程输出加密 BIM 文件，如图 3.14 所示。

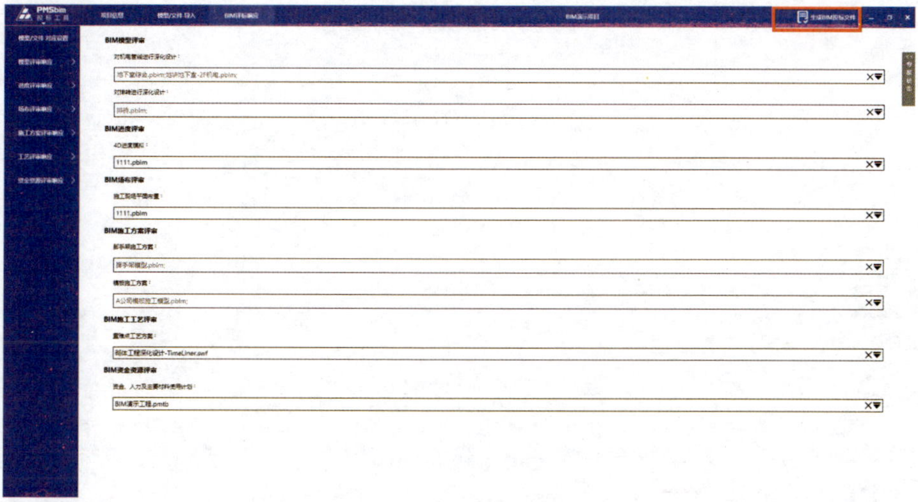

图 3.14　生成 BIM 投标文件

### 3.3.4　投标编制工具

将商务标 word 文件、技术标 word 文件、资信标 word 文件、资格审查 word 文件，“.tbs”格式清单文件导入到投标编制工具中再导出加密的投标文件提交到开标现场。如图 3.15 所示为投标人使用投标编制工具导入的技术标。

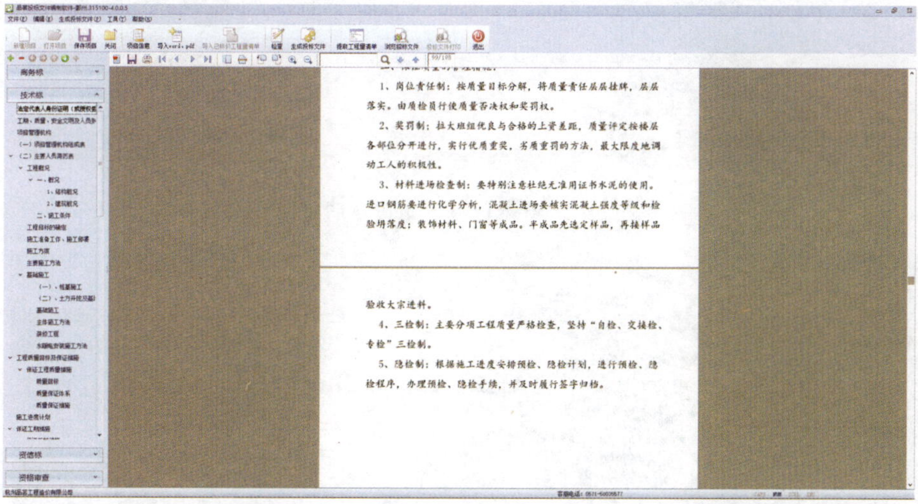

图 3.15　使用投标编制工具导入技术标

打开“投标编制工具”→①新建工程→②选择相应工程的招标文件→③输出保存的文件名称与路径→④点击确定，如图 3.16 所示。

投标编制工具以商务标为例（其余操作方法相同），在投标文件编制软件中点击商务标工程量清单，将已套取相应定额的“.tbs”格式文件进行导入，如图 3.17 所示。

点击商务标导入相应的商务标文档，技术标与资信标操作相同，如图 3.18 所示。

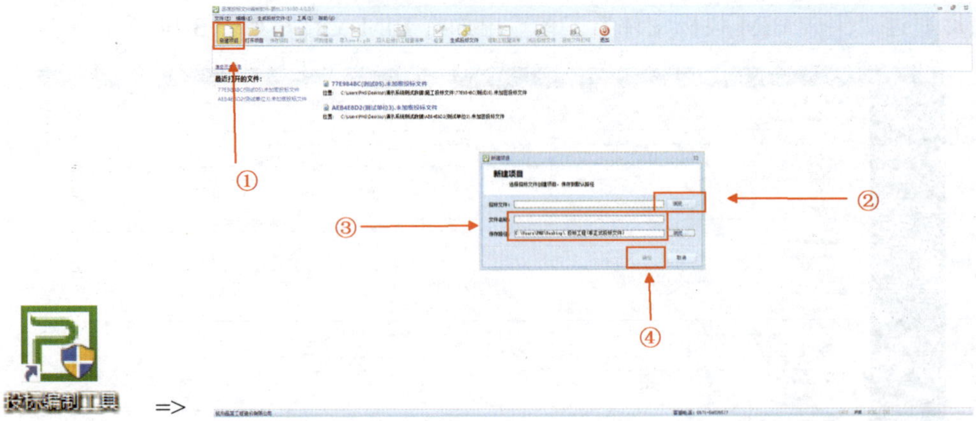


图 3.16 新建工程

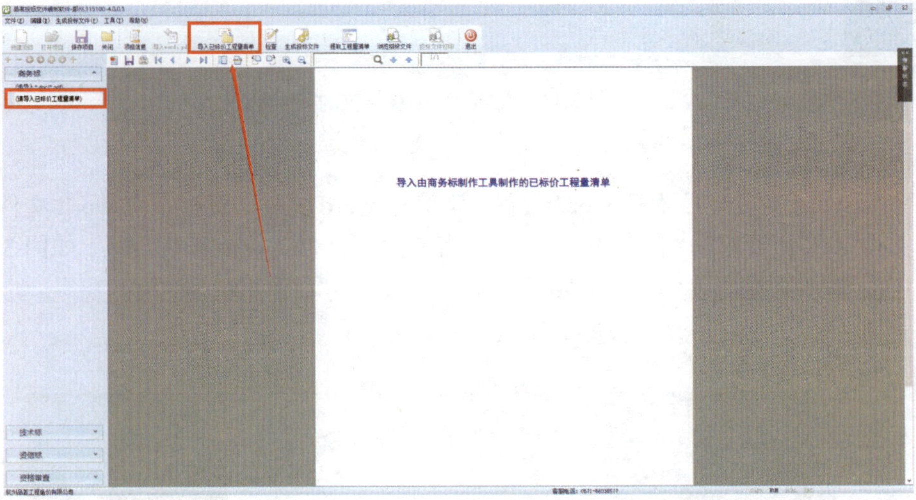


图 3.17 导入已标价工程量清单

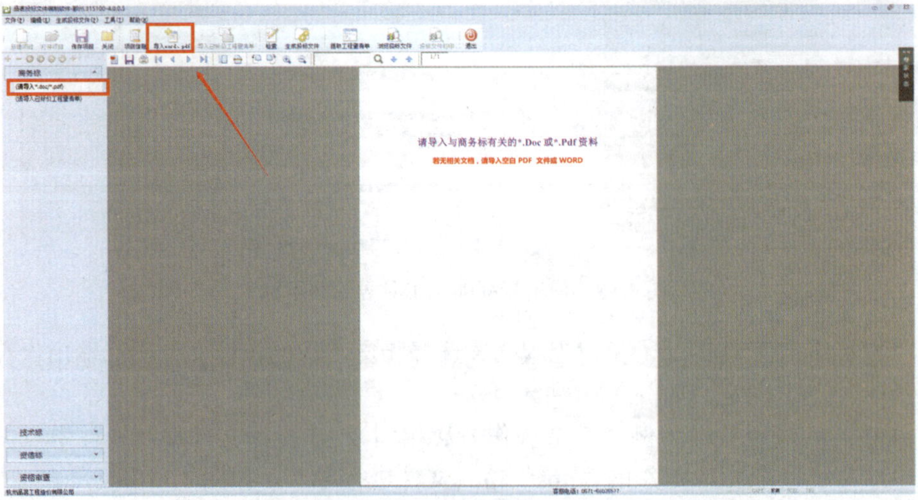


图 3.18 导入商务标文档

最后导入完成后生成加密的投标文件，如图 3.19 所示。

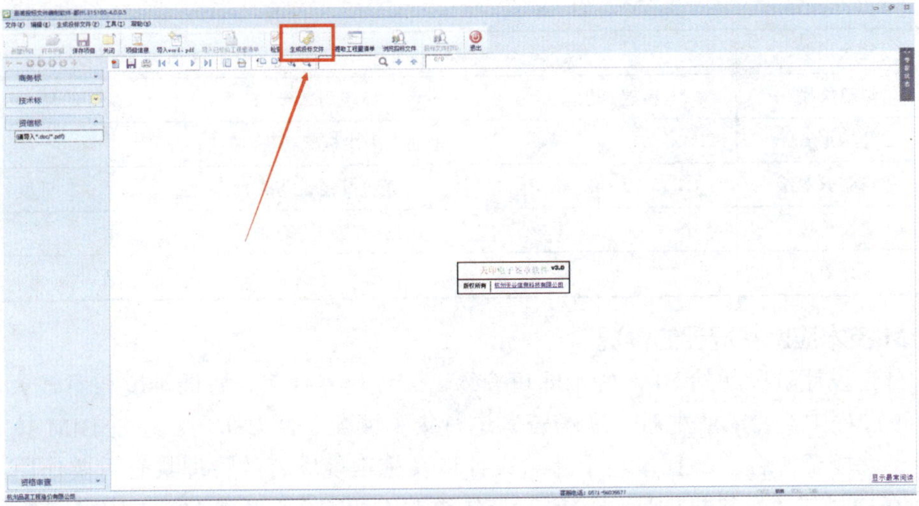

图 3.19 生成加密的投标文件

## 任务 3.4 引入 BIM 技术的投标书编制实例——国网××省电力有限公司综合科研试验用房项目 BIM 咨询服务实施方案

### 3.4.1 编制依据

统一标准：《建筑信息模型应用统一标准》（GB/T 51212—2016）。

应用标准：《建筑信息模型施工应用标准》（GB/T 51235—2017）。

基础标准：《建筑信息模型分类和编码标准》（GB/T 51269—2017）；

《建筑工程信息模型存储标准》（征求意见稿）；

《建筑工程设计信息模型交付标准》；

《2016—2020 年建筑业信息化发展纲要》；

《关于推进建筑信息模型应用的指导意见》。

管理标准：《建设项目工程总承包管理规范》（GB 50358—2017）。

地方标准：北京市地方标准《民用建筑信息模型（BIM）设计基础标准》。

### 3.4.2 项目概况

| 序号 | 项　　目 | 内　　容 |
|---|---|---|
| 1 | 工程名称 | 国网××省电力有限公司综合科研试验用房项目 |
| 2 | 工程地点 | ××××工业区 |
| 3 | 建筑功能 | 科研实验用房 |
| 4 | 建筑面积 | 总建筑面积 31293m$^2$，其中地上建筑面积 26803m$^2$，地下建筑面积 4490m$^2$ |
| 5 | 工地面积 | 项目总用地面积 3.28 万 m$^2$ |

续表

| 序号 | 项目 | 内容 | | |
|---|---|---|---|---|
| 6 | 建筑层数 | 综合科研试验用房地下1层、地上10层（裙房3～5层） | | |
| 7 | 建筑类别 | 新建高层厂房 | 建筑耐久年限 | 50年 |
| 8 | 结构形式 | 钢筋混凝土框架-剪力墙结构 | | |
| 9 | 建筑耐火等级 | 1级 | 建筑抗震设防类别 | Ⅶ度 |
| 10 | 建设单位 | 国网××省电力有限公司 | | |
| 11 | 设计单位 | ××省××建筑设计院 | | |

### 3.4.3 BIM技术应用状况评估情况

本项目自设计阶段起始BIM咨询即可介入。因项目专业多，协调难度相对较大，在进行设计、施工过程中，要求业主对于现场资源进行集中调配、合力布局。通过BIM技术的实际使用，使得现场资源合理配置，对于建筑设计以及施工现场有效管理具有重要作用，体现了BIM技术在项目建造全过程的应用价值。与传统的CAD图纸形式不同，BIM技术能够提升设计质量，并且能够在缩减成本的同时保证施工工期，实现精益化施工效果。在建筑施工阶段，施工方能够根据BIM设计的4D模型实现施工设计，并且根据具体施工状况，依据4D模型进行实时调整，得到最优化方案。

项目竣工使用过程中，需要对科研中心相关设备、设施进行信息化管理。通过BIM信息标准建立以及作业流程的具体实施，形成数字化竣工模型；通过数据记录设备设施的空间定位和属性信息，实现对整个建筑的运营与管理，防止维护管理阶段出现相应问题，为竣工建筑项目的维护管理奠定基础，避免在实际使用过程中出现突发状况，实现了各方利益最大化，突出了BIM技术在竣工阶段的应用价值。

### 3.4.4 BIM服务概述及应用目标

#### 3.4.4.1 BIM模型创建及应用工作内容与范围

BIM模型采用委托咨询单位以及项目组工程师参与的模式，主要包含但不限于项目标准化BIM模型及构件库的建立，可视化设计，各专业BIM协同设计，提供建筑、结构、机电综合管线模型创建及深化和优化、内装修及幕墙设计配合、机电施工指导、模拟与分析；包括协助项目组完成项目BIM整体规划、标准的制定；组织管理项目BIM整体工作和协同配合；协助项目组服务施工阶段BIM模型应用，同时提供侦错服务以及审核分包单位提交的其他BIM成果；协助项目组制作最终竣工模型，并对模型进行整合，为运维提供保障；在项目全程提供BIM技术及管理培训和支持。咨询服务内容根据国网××省电力有限公司综合科研试验用房项目相关设计图纸及施工管理，提供BIM 3D信息模型技术咨询管理服务、施工现场BIM技术咨询管理服务及采购相关软硬件平台。

BIM组服务内容具体约定如下（包括但不限于以下内容）：

（1）负责在服务期内全专业BIM模型的创建和维护工作。

（2）制定BIM技术标准（包括但不限于命名标准、交付标准、模型深度标准、流程控制、建模规则、BIM应用点、协同规则等），制定BIM工作管理及流程。

（3）全专业BIM模型实时更新。

（4）协助项目组搭建BIM应用项目管理团队和组织架构，制定项目BIM建模及应用整体工作计划（不同阶段应用点的交付成果及其要求，包括模型深度和数据内容等）。

（5）单专业工作计划，如建筑、结构、机电、钢结构、幕墙、景观绿化和装修等业主认为必要的专业。

（6）提供 BIM 技术应用和协同管理的软件选型，以及相应的软、硬件配置方案。

（7）编制并实施建设期全过程项目组工程师 BIM 建模及应用操作技术培训计划，实现建模过程中对项目组工程师 BIM 技术人员的培养。

（8）协助项目组申报国家/市/行业中的科研课题、BIM 大赛等，协助项目组人员通过国家权威部门的 BIM 技能等级考证。

#### 3.4.4.2　BIM 模型创建及应用工作方式

在 BIM 模型创建的过程中采用以委托咨询单位为主，项目组工程师参与的方式进行，其主导思想是考虑到项目组工程师 BIM 水平参差不齐，前期通过对项目组工程师进行 BIM 基本技能培训，使其在掌握一定 BIM 建模基础后，加入 BIM 建模及应用团队，参与项目建模实质性工作，直至提交 BIM 模型成果全过程。

后期通过对项目人员针对该项目模型的应用进行培训并且进行量化考核，派遣 BIM 技术人员到现场驻场指导教学。宗旨是通过此项目委托 BIM 建模及应用过程，掌握项目全专业 BIM 建模技术，以及碰撞检查、管线综合、净高分析等 BIM 应用技术，真正做到 BIM 技术落地，为项目发挥作用体现价值。

根据 3D 信息模型应用各阶段，具体内容如下：

（1）设计阶段。实现初步设计、施工图设计各专业 3D 信息模型的整合评审与设计优化，在施工招标前尽量排除专业设计中存在的设计意图误解问题和错、漏、碰、缺问题，并用于辅助算量。

（2）土建施工与设备安装阶段。根据施工招标后的第三方设计资料、供应商提供的设备技术资料以及施工单位提供的施工安装方案，进行建筑、管线综合、设备布局等三维模型优化设计。同时，在施工安装过程中根据实际情况和局部变更需求，及时进行方案验证和变更优化。通过 4D 模型设计，展开土建施工、设备安装工序及进度的模拟和施工动态管理。

（3）竣工阶段。完整准确地反映项目竣工实际情况，形成基于模型的竣工资料库，为后续管理中心运营管理提供基础数据，特别是数字化运营管理所需的前期建设数据。

项目实施中，创建项目 BIM 模型并不是最终目的，将创建的 BIM 模型充分运用到项目中去，发挥 BIM 技术的优势，以项目作为 BIM 应用试点，在委托建模过程中掌握 BIM 应用技术，提高项目及公司的整体 BIM 水平才是意义所在。

### 3.4.5　项目实施进度计划

本项目工程 3D 模型设计实施进度计划如下：取得相应专业施工图纸 30 日历天内，完成建筑、结构专业的建模工作，并提供 BIM 审图报告和优化建议报告及图纸。BIM 咨询成果提供时间计划见表 3.1。

**表 3.1　　BIM 咨询成果提供时间计划表**

| 序号 | 内　容 | 开始时间 | 计划首次交付时间 |
| --- | --- | --- | --- |
| 1 | 建筑专业模型成果 | 获取图纸后 | 获取图纸后 15 天 |
| 2 | 结构专业模型成果 | 获取图纸后 | 获取图纸后 10 天 |

续表

| 序号 | 内　容 | 开始时间 | 计划首次交付时间 |
|---|---|---|---|
| 3 | 整合机电专业模型成果 | 获取图纸后 | 获取图纸后 20 天 |
| 4 | 整合装修模型成果 | 各专业模型完成后 | 获取图纸后 25 天 |
| 5 | 整合土建、机电、装修成果 | 各专业模型完成后 | 获取图纸后 25 天 |
| 6 | 建筑、结构、机电设计模型成果报告 | 各专业模型完成后 | 获取图纸后 30 天 |
| 7 | 漫游动画成果 | 各专业模型完成后 | 获取图纸后 25 天 |

### 3.4.6 项目实施目标与工作内容

#### 3.4.6.1 项目实施总体目标与工作内容

项目实施的总体目标是提升运营维护的效率和建筑信息的准确性，方便物业的后期维护和管理。下面从以下四个方面予以介绍。

1. 与业主的配合

在 BIM 技术应用咨询服务过程中，BIM 项目经理部将牢固树立为业主服务、让业主满意的信念，站在工程全局的角度，全方位地为业主服务。

在项目开工后，以书面形式提出建议方案，内容包括业主方、设计方、监理方、分包方以及主要工作内容、工作程序、工作原则和几方的工作关系，为业主理顺工程相关各方的责任关系，确定管理程序出谋划策。

作为 BIM 咨询服务方，在 BIM 咨询服务过程中，将通过良好的合作，确保 BIM 咨询服务过程全面履行承包合同，充分发挥 BIM 落地应用价值，提升整个项目的建造品质。

2. 与设计单位的配合

BIM 咨询服务项目经理部单独设置深化设计部，配备经验丰富的专业深化设计人员，负责统一组织该工程的 BIM 模型深化设计，保证深化设计质量、进度。对 BIM 咨询服务中发现的与设计有关的问题，及时向设计方汇报，征求设计方的意见；在配合过程中，以积极、主动、高效、和谐为原则，充分尊重设计单位的意见，充分考虑设计单位的设计标准、档次、风格、功能等，最终达到业主、设计要求的工程效果和使用功能。

3. 与分包方的配合

BIM 模型施工深化过程中，充分尊重施工单位的意见，充分考虑施工的方便性及管线布局的合理性、美观度及日后运营维护的方便性。

为帮助施工单位理顺机电管线间的施工工序，在设计 BIM 模型的基础上，组织专人负责综合管线协调模型，此模型将显示出电线管的所有管线及桥架。根据此模型，一方面协调各专业管线的安装定位尺寸；另一方面对于管线较为集中的区域绘制综合剖面图，以协调各专业安装顺序。

安排经验丰富的工程人员指导钢结构、幕墙、精装等专业分包的模型调整，确保各专业模型整合过程中满足项目模型统一标准的要求，保障专业应用的实施。

4. 与监理单位的配合

积极主动参加监理例会，听取业主、监理、设计各方对 BIM 咨询服务工作的指导意见，认真落实监理例会对 BIM 咨询方提出的合理要求。需要提交书面资料时，及时按要求提交，确保监理工作的正常开展。

对监理检查 BIM 模型提出的修改建议和意见，及时按要求进行整改，并请监理复查，最大限度地缩短整改时间，为后续工作创造条件，同时要避免同类问题再次发生。

#### 3.4.6.2　各阶段实施目标

（1）项目策划阶段。编制项目 BIM 建模、应用和验收标准，建立项目具体的模型深度要求和标准；建立项目 BIM 技术应用组织体系；协调组织设计、施工、监理等相关单位对模型的审核、验收和传递应用，实现项目设计、施工全过程基于 BIM 的沟通协调机制，提高项目质量、进度、成本管理水平，确保并提高工程性能满足最终使用要求。

（2）项目设计阶段。根据业主提供的施工图设计文件，完成建筑、结构、机电安装的专业 BIM 模型创建、BIM 成果报告检查，达到图、模一致，为施工阶段提供可靠、可落地、有价值的信息。

（3）施工前期准备阶段。完成土建专业 BIM 模型，指导并协助分包单位运用 3D 手段完成相关专业施工深化工作，包括但不限于建筑工程、结构工程、机电安装工程（给排水、电气、暖通及其他管线）、钢结构、幕墙工程，以满足施工进度模拟、重难点和复杂工艺技术交底和质量控制需要。

（4）施工实施阶段，协助总包单位对各专业模型进行及时更新和维护，包括但不限于建筑工程、结构工程、机电安装工程（给排水、电气、暖通及其他管线）专业，确保模型能反应实际的实施情况。推动各专业单位对模型进行及时更新，确保实体与模型一致，便于相关单位进行信息和成果共享、协同与管理。

（5）施工竣工后。辅助委托人做好竣工模型和归档验收工作。对设计、施工模型进行处理，提供满足竣工要求的竣工模型，并对满足竣工模型存档。项目竣工交付使用后，负责向委托人进行有关专业培训与交底。

# 项目4　建设工程开标、评标、定标

## 任务4.1　建设工程开标

【引例】

某市政协的综合办公楼进行施工招标，要求投标企业为建筑工程施工总承包一级及以上资质。资格预审公告后，有 15 家单位报名参加。在开标过程中招标人的以下做法均是正确的：

（1）资格预审时，招标人代表提出不能歧视民营企业，应公平审查国有大中型企业及民营企业的投标资格。

（2）资格预审文件中规定资格审查采用合格制，评审过程中招标人按照资格预审公告载明资格预审办法综合评价和比较，将合格的 12 家投标申请人作为最终的资格预审合格投标人。

（3）现场踏勘时，有 2 家单位因故未能参加，因法规未要求投标人必须现场踏勘，招标人同意这 2 家单位参加投标。

（4）到投标截止时间有 1 家投标人因路上堵车迟到了 5 分钟（已事先电话告知招标人），招标人拒绝接收其投标文件。

（5）开标仪式上，有 1 家投标人未派代表出席，但其投标文件提前寄到了招标人处，招标人将对在规定时间内送达指定地点的、密封完好的投标文件当场进行开启、唱标。

【思考】

（1）开标程序包括哪些环节？

（2）资格审查方法有哪两种？资格预审程序包括哪些环节？

### 4.1.1　开标的时间和地点

建筑工程开标时间应当为招标文件规定的投标截止时间，开标地点由招标文件规定，通常为（有形的建筑市场）工程所在地的建设工程交易中心。招标人应当按照招标文件规定的时间、地点开标。

### 4.1.2　开标的一般程序

#### 4.1.2.1　投标人签到

投标人应按招标公告中开标时间前到场并签到。

#### 4.1.2.2　招标人主持开标会议

主持人介绍参加开标会议的单位、人员及工程项目的有关情况；宣布开标人员名单、招标文件规定的评标定标的办法和标底。开标主持人检查各投标单位法定代表人或其他指定代表人的证件、委托书，并确认无误。

《招标投标法实施条例》明确指出，招标项目设有标底的，招标人应当在开标时公布。标底只能作为评标的参考，不得以投标报价是否接近标底作为中标条件，也不得以投标报价超过标底上下浮动范围作为否决投标的条件。

#### 4.1.2.3 开标过程

（1）检验各标书的密封情况。由投标人或其推选的代表检查各标书的密封情况，也可以由公证人员检查并公证。

（2）唱标。经检验确认各标书密封无异常情况后，按投递标书的先后顺序或逆顺序，当众拆封投标文件，宣读投标人名称、投标价格和标书的其他主要内容。投标截止时间前收到的所有投标文件应当众予以拆封和宣读。

（3）开标过程记录。开标过程应当做好记录，并存档备案。投标人也应做好记录，以收集竞争对手的信息资料。

（4）宣布无效的投标文件。开标时，发现有下列情况之一的投标文件时，其为无效投标文件，不得进入评标：

1）投标文件未按照招标文件的要求予以密封或逾期送达的。

2）投标函未加盖投标人的公章及法定代表人印章或委托代理人印章的，或者法定代表人的委托代理人没有合法有效的委托书（原件）。

3）投标文件的关键内容字迹模糊、无法辨认的。

4）投标人递交两份或多份内容不同的投标文件，或在一份投标文件中对同一招标项目有两个或者多个报价，而未声明哪个有效（招标文件规定提交备选方案的除外）。

5）投标人未按照招标文件的要求提供投标保证金或没有参加开标会议的。

6）组成联合体投标，但投标文件未附联合体各方共同投标协议的。

7）投标人名称或组织机构与资格预审时不一致的（无资格预审的除外）。

如果发现无效标书，必须经有关人员当场确认，当场宣布。招标机构应将投标文件退回投标人。

### 4.1.3 废标的情况

《招投标法实施条例》规定，在开标、评标过程中，有下列情况之一的，评标委员会应当否决其投标：

（1）投标文件未经投标单位盖章和单位负责人签字。

（2）投标联合体没有提交共同投标协议。

（3）投标人不符合国家或者招标文件规定的资格条件。

（4）同一投标人提交两个以上不同的投标文件或者投标报价，但招标文件要求提交备选投标的除外。

（5）投标报价低于成本或者高于招标文件设定的最高投标限价。

（6）投标文件没有对招标文件的实质性要求和条件做出响应。

（7）投标人有串通投标、弄虚作假、行贿等违法行为。

投标人的报价明显低于其他投标报价或标底，使其报价有可能低于成本，应当要求该投标人做出书面说明并提供相关证明的材料。投标人未能提供相关证明的材料或不能做出合理解释的，应当否决其投标。

评标委员会应当审查每一投标文件是否对招标文件提出的所有实质性要求做出了响应。如投标文件未对招标文件提出的所有实质性要求做出响应，应当对投标人的投标予以否决，并且不允许投标人对其投标文件进行修改或补充。

# 任务 4.2 建设工程评标

【引例】

某长江大桥是三峡工程前期准备工程的关键项目之一，在三峡工程施工期间承担左、右岸物资、材料、设备的过江运输任务，也是沟通鄂西南长江南、北公路的永久性桥梁。我国建设大跨度悬索桥经验少，具备该桥施工资质的单位不多，根据这一实际情况，决定采取邀请招标方式选择施工单位。

1993 年 7 月下旬，中国长江三峡集团公司向甲、乙、丙 3 家承包商发了投标邀请书，并组织施工单位考察了施工现场，介绍了设计情况，并及时以“补遗书”形式回答了施工单位编标期间提出的各类问题。在离投标截止时间还差 15 天时，中国长江三峡集团公司以书面形式通知甲、乙、丙 3 家承包商，考虑到该长江大桥的施工关键是技术，技术方案如有失误，费用难以控制，因此现将原招标文件中关于评标的内容调整如下：原评标内容总价、单价、技术、资信权数分别由原来的 30%、30%、10%、10%依次修正为 10%、40%、40%、10%，加大了单价和技术的评分权数。

1993 年 9 月 1—10 日进行评标工作。邀请了多位国内有影响的桥梁专家作为评委参加评标，评标前评标组通过了中国长江三峡集团公司编写的评标办法，根据施工单位的总报价、主要分项工程的单价、技术方案和资信四方面来评分。根据专家定量打分和定性的综合评价结果，确定的排队顺序（综合得分从高到低）是乙、甲、丙。

中国长江三峡集团公司于 1993 年 9 月 13 日向乙施工单位发出中标通知书，并进行合同谈判。双方认真地讨论了合同条款及合同协议书的有关问题，达成了一致意见，于 1993 年 10 月 11 日签订了施工合同。

【思考】

（1）评标委员会由哪些人员组成？

（2）评标方法有几种？综合评分法有什么特点？

## 4.2.1 评标委员会的组建

### 4.2.1.1 评标委员会

评标委员会依法组建，负责评标活动，向招标人推荐中标候选人或者根据招标人的授权直接确定中标人。

评标委员会由招标人负责组建。评标委员会成员名单一般应于开标前确定。评标委员会成员名单在中标结果确定前保密。

评标委员会由招标人或其委托的招标代理机构熟悉相关业务的代表，以及有关技术、经济等方面的专家组成，成员人数为 5 人以上单数，其中技术、经济等方面的专家不得少于成员总数的 2/3。

#### 4.2.1.2 评标专家应满足的条件

评标专家应从事相关专业领域工作满8年并具有高级职称或者同等专业水平；熟悉有关招标投标的法律法规，并具有与招标项目相关的实践经验；能够认真、公正、诚实、廉洁地履行职责。

#### 4.2.1.3 专家回避制度

有下列情形之一的，应当回避，不得担任评标委员会成员：

（1）投标人或者投标人主要负责人的近亲属。

（2）项目主管部门或者行政监督部门的人员。

（3）与投标人有经济利益关系，可能影响对投标公正评审的人员。

（4）曾因在招标、评标以及其他与招标投标有关活动中从事违法行为而受过行政处罚或刑事处罚的人员。

### 4.2.2 评标的依据和标准

#### 4.2.2.1 评标的依据

评标委员会成员评标的依据主要有下列几项：①招标文件；②开标前会议纪要；③评标定标办法及细则；④标底；⑤投标文件；⑥其他有关资料。

#### 4.2.2.2 评标的标准

评标的标准，一般包括价格标准和价格标准以外的其他有关标准（又称“非价格标准”）。价格标准比较直观具体，就是以货币额表示的报价。非价格标准内容多而复杂，在评标时应尽可能使非价格标准客观和定量化，并用货币额表示，或规定相对的权重，使定性化的标准定量化。这样才能使评标具有可比性。

### 4.2.3 评标方法

#### 4.2.3.1 经评审的最低投标价法

经评审的最低投标价法是指经评标委员会评审，能够满足招标文件的实质性要求，并且经评审的投标价最低（低于成本价格的除外）的投标人，并将其推荐为排序第一的中标候选人的评标方法。该方法适用于工程技术要求不高或无特殊要求，承包人采用通用技术施工即可达到性能要术标准的工程项目。

一般评审程序如下：

（1）投标文件做出实质性响应，满足招标文件规定的技术要求和标准。

（2）根据招标文件中规定的评标价格调整方法，对所有投标人的投标报价以及投标文件的商务部分做必要的价格调查。

（3）不再对投标文件的技术标部分进行价格折算，仅以商务标的价格折算的调整值作为比较基础。

（4）经评审确定的最低报价的投标人，应当推荐为中标候选人。

#### 4.2.3.2 综合评分法

综合评分法是指将评审内容分类后分别赋予不同权重，评标委员依据评分标准对各类内容各项进行相应的打分，最后计算总分，以最高得分的投标文件为最优。由于需要评分的涉及面广，每一项目都要经过评委打分，这样可以全面地衡量投标人实施招标工程的综合能力，能最大限度地使满足招标文件规定的各项综合评价标准的投标人成为中标人。

#### 4.2.3.3　接近标底法

接近标底法，即投标报价与评标标底价格相比较，以最接近评标标底的报价为最高分。标价得分与其他指标的得分合计最高分者中标。如果出现并列最高分时，则由评委无记名在并列最高分者之间投票表决，得票多者为中标单位。这种方法比较简单，但要以标底详尽、正确为前提。

下面以某地区招投标的评标方法规定为例说明该方法的操作过程。

### 4.2.4　评标报告

评标委员会完成评标后，应当向招标人提出书面评标报告。

（1）评标报告的内容。评标报告应如实记载以下内容：基本情况和数据表、评标委员会成员名单、开标记录、符合要求的投标一览表、废标情况说明、评标标准、评标方法或者评标因素一览表、经评审的价格或者评分比较一览表、经评审的投标人排序、推荐的中标候选人名单与签订合同前要处理的事宜，以及澄清、说明、补正事项纪要。

（2）中标候选人人数。评标委员会推荐的中标候选人应当限定在 1～3 人，并标明排列顺序。

（3）评标委员会完成评标后，应当向招标人提出书面评标报告，由评标委员会全体成员签字。评标委员会应当对下列情况做出书面说明并记录在案：

1）对评标结论有异议的评标委员会成员，可以以书面方式阐述其不同意见和理由。

2）评标委员会成员拒绝在评标报告上签字且不陈述其不同意见和理由的，视为同意评标结论。

## 任务 4.3　建设工程 BIM 评标阶段应用

【引例】

> ××××公司委托××××招标代理有限公司进行公开招标，代理公司使用 BIM 评标系统来进行开标、评标、定标，最后对中标人进行公示通知。

【思考】

如何使用评标系统？

### 4.3.1　BIM 开标阶段

开标与定标阶段为整个招投标环节的最后阶段，此阶段也是对投标人投标成果的判断，使用开标系统导入相应的投标文件与投标模型。

#### 4.3.1.1　评标服务端应用

在运行开评标系统前需要运行服务端。服务端是为客户端服务的，服务的内容有诸如向客户端提供资源，保存客户端数据等。服务端是一种针对性的程序，所谓的针对性就是专门为某一客户端设立的程序。原则上来讲，服务端是不具备运算能力的，因为服务端同时会与多个客户端建立连接，一旦服务端进行运算，就会占用大量的资源，从而影响到其他客户端的通信。所以服务端通常都只具备认证与传输数据的功能。整个评标系统需在服务端启动的基础上才可以运行。

双击打开评标服务端→点击“服务器”，选择下拉列表中的“服务器启动”（图 4.1）。

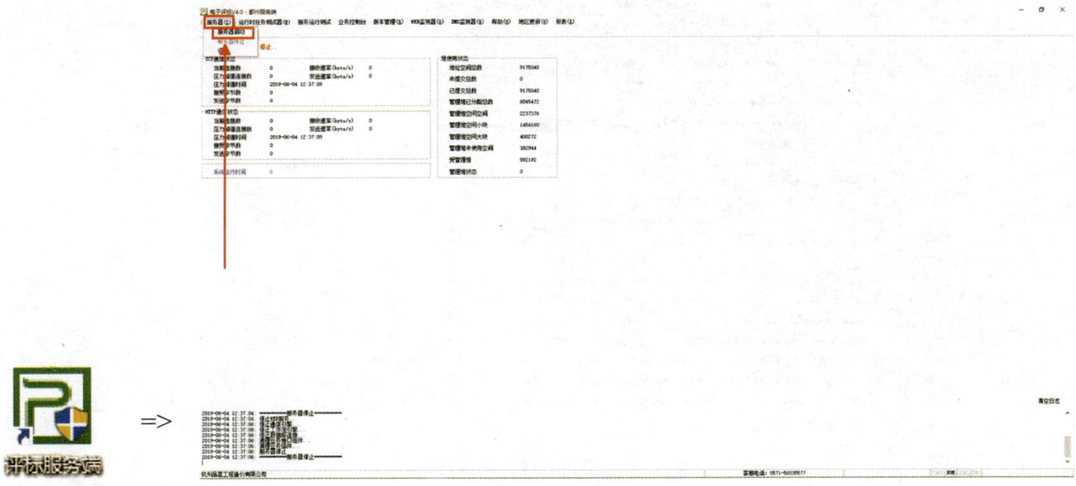


图 4.1　服务端

#### 4.3.1.2　评标管理端应用

管理端是对整个评标系统最初的项目样式与人员进行系统管理的程序。在最初的开标前需登录管理端对此次评标进行创建，在创建过程中对类型与评标时间情况进行实际填写并导入此次的招标文件，之后可以通过管理端对不同职责的人员进行分配。

双击打开“评标管理端”，在弹出的窗口中输入管理系统的用户姓名与登录密码，点击“登录”（图 4.2）。

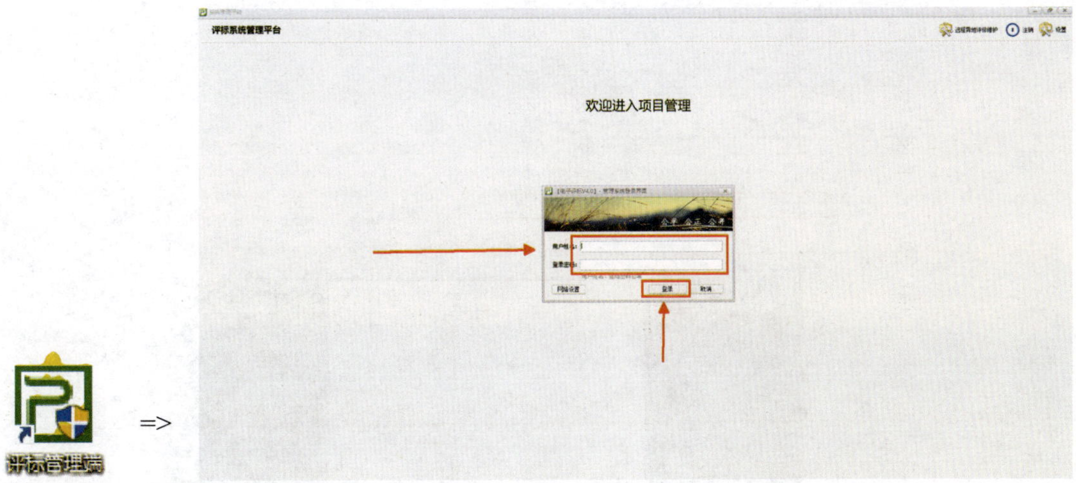


图 4.2　评标系统管理端

进入评标系统管理平台，按以下步骤操作：①新建项目→②选择招标人的招标文件与 P-BIM 文件，并设置开标时间→③选择投标文件类型与专家委员会成员数→④填写完成点击“确定”（图 4.3）。

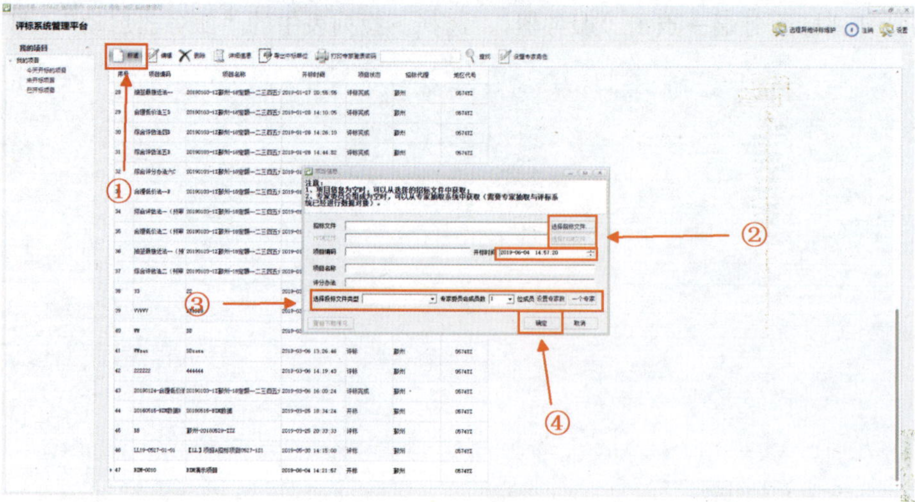


图4.3　管理端新建项目界面

项目创建完成后点击“所创建项目”，点击“打印专家登录密码”，在弹出的报表中包含开标员（在开标阶段登录）、招标代理（在评标结束后协助完成评标后续工作时登录）、监督人（登录可以实时查看开标进程）、专家组组长（评标专家在评标阶段登录）（图4.4）。

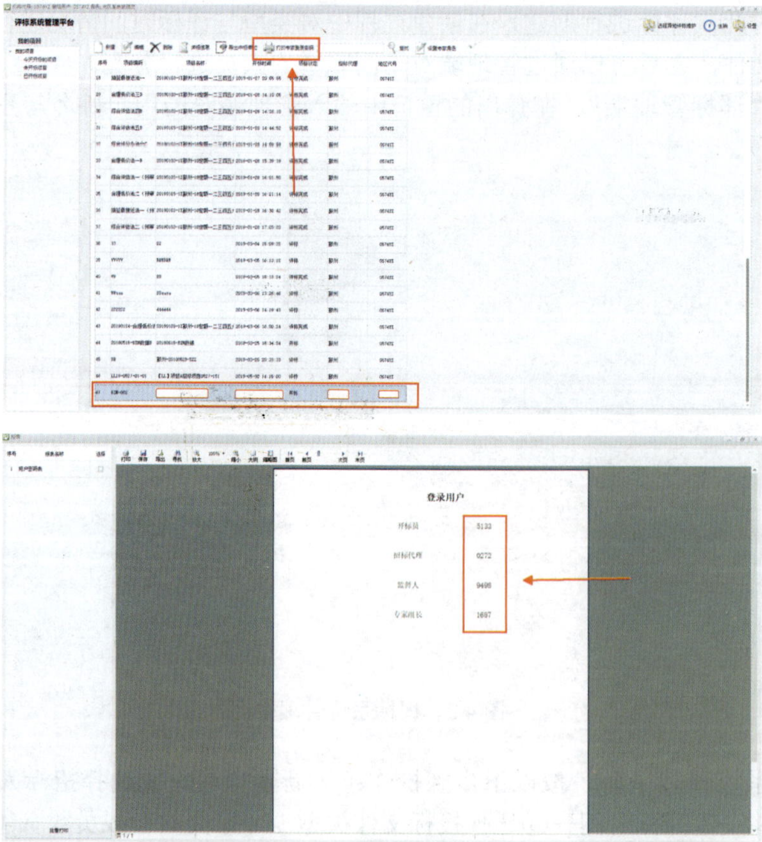


图4.4　生成人员登录信息

#### 4.3.1.3　评标端应用

首先在开标前双击运行“开标端”，在开标界面中输入开标员的序号（用户名与密码相同）（图 4.5）。

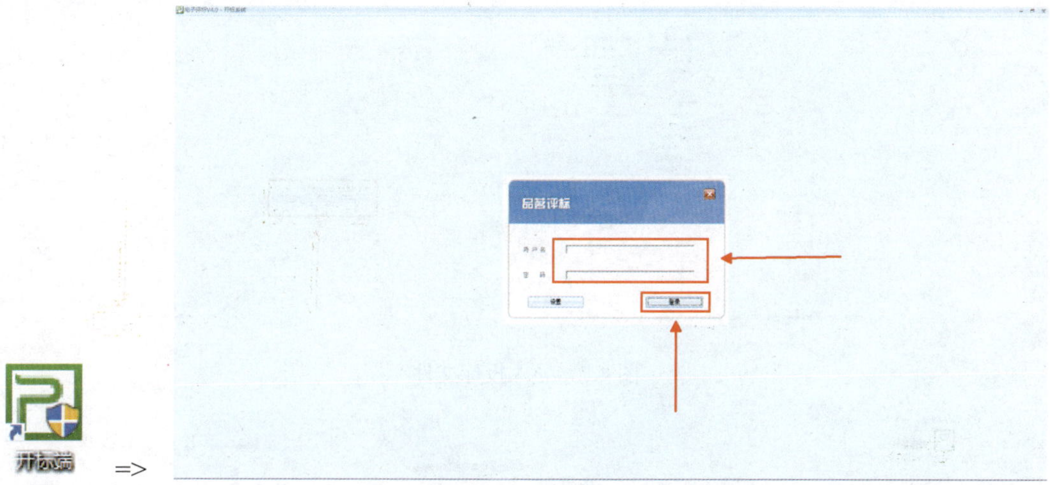


图 4.5　登录开标界面

开启系统后点击“进入开标”（图 4.6）。

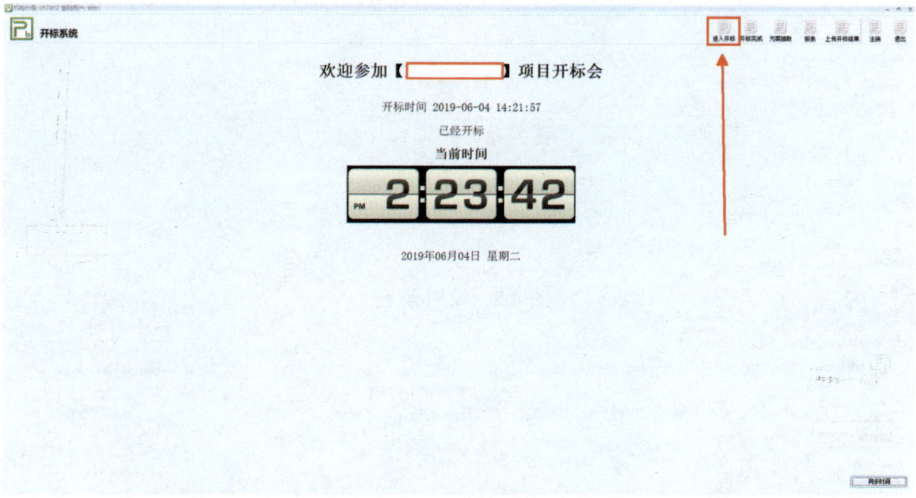


图 4.6　开标系统界面

点击标书接收，点击“光盘导入投标文件”，选择相对应的投标文件与 BIM 投标文件即可导入投标文件（图 4.7）。

标书接收完成后逐一进行解密（图 4.8）。

解密完成后进入唱标阶段（图 4.9）。

唱标后进入评标阶段。点击“开始评标”（提示评标可以开始），之后点击“开标完成”结束开标（评标系统可自动关联开标系统所接受的文件）（图 4.10）。

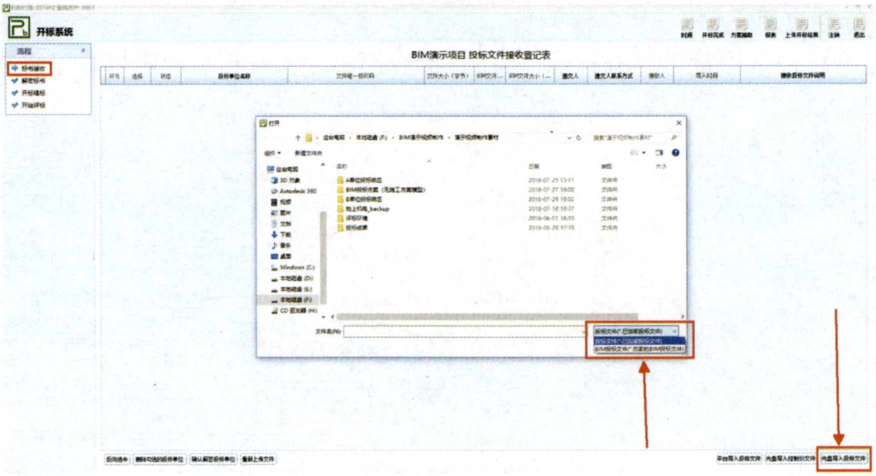

图 4.7　导入投标文件

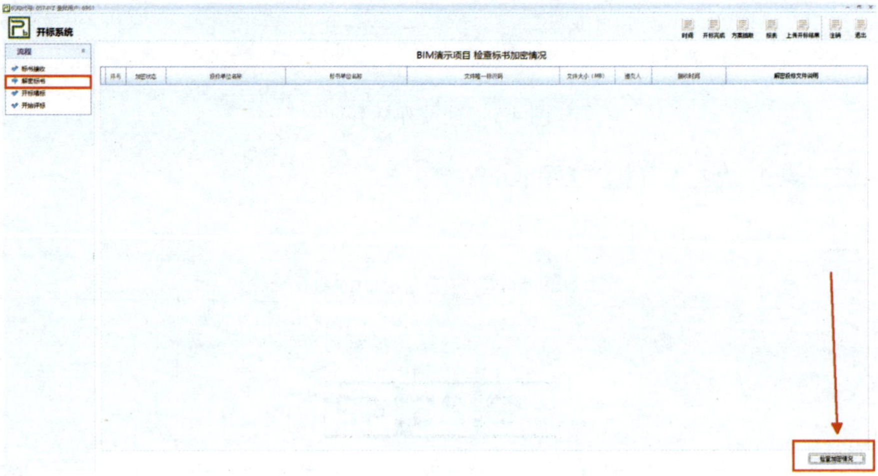

图 4.8　文件解密

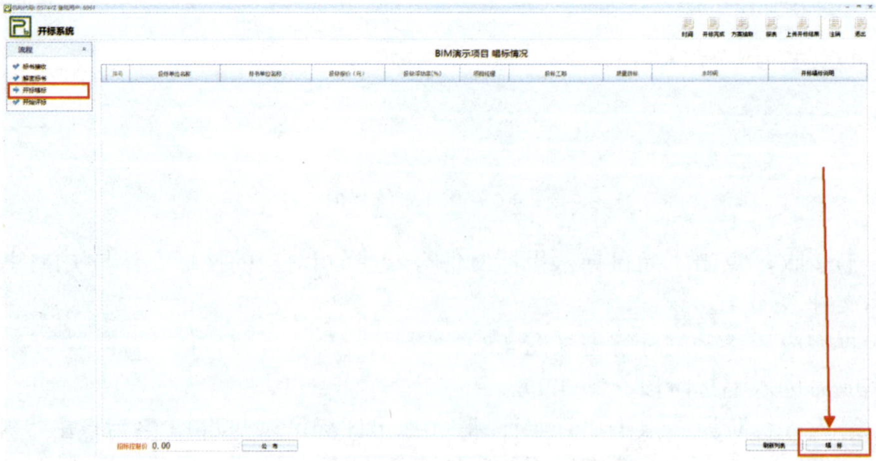

图 4.9　进入唱标阶段

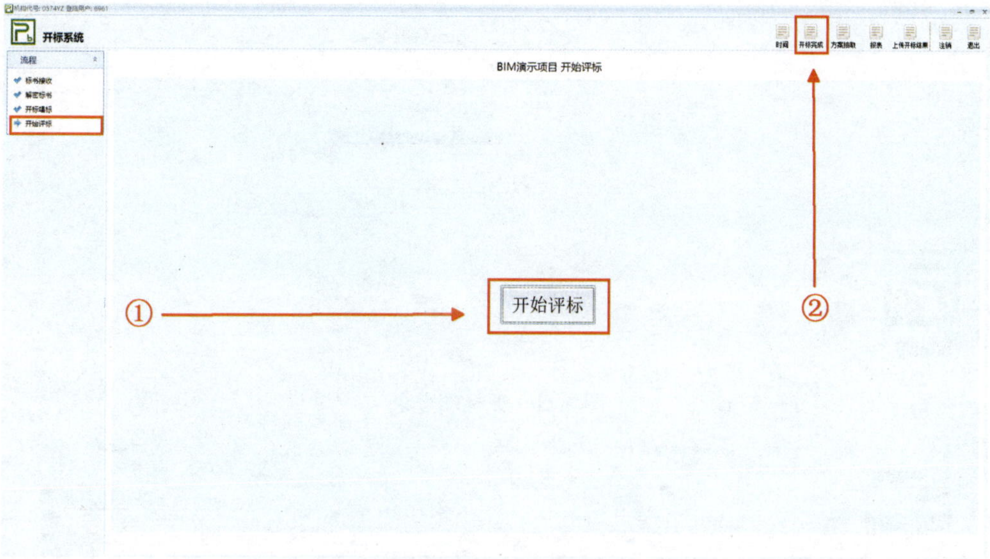


图 4.10 “开始评标”界面

### 4.3.2 资格评审

在 BIM 评审之前对各投标人的开标情况、形式、资格、资信标、入围情况、技术标进行评审。

在资格评审中，通常采用两种方法，对申请人或投标人的经营资格、专业资质、财务状况、技术能力、管理能力、业绩、信誉等方面评估审查，以判定其是否具有参与项目投标和履行合同的资格及能力。

#### 4.3.2.1 资格预审

资格预审是招标人通过发布资格预审公告，向不特定的潜在投标人发出投标邀请，由招标人或者由其依法组建的资格审查委员会按照资格预审文件确定的审查方法、资格条件以及审查标准，对资格预审申请人的经营资格、专业资质、财务状况、类似项目业绩、履约信誉等条件进行评审，以确定通过资格预审的申请人的活动。

#### 4.3.2.2 资格后审

资格后审是在开标后由评标委员会对投标人进行的资格审查。采用资格后审时，招标人应当在开标后由评标委员会按照招标文件规定的标准和方法对投标人的资格进行审查。资格后审是评标工作的一个重要内容。对资格后审不合格的投标人，评标委员会应否决其投标。资格后审的具体流程如下：

打开“评标端”进入评标阶段，在登录密码中输入专家组组长序号（用户名会自动弹出“评标专家”）（图 4.11）。

进入评审界面，以开标情况评审为例（其余评审操作相同），点击“开标情况评审”，再点击“评审”按钮（图 4.12）。

在弹出的界面中双击选择相应的投标单位，在弹出的详细信息中可以查看相应投标单位的具体内容（图 4.13）。

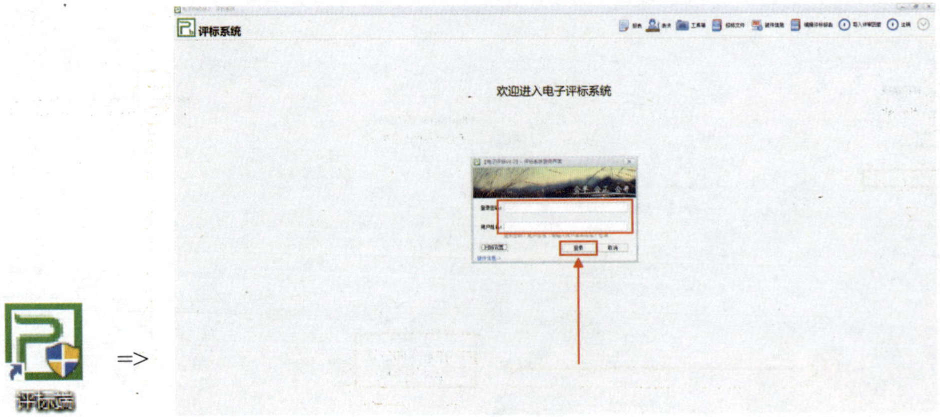


图 4.11　评标端登录

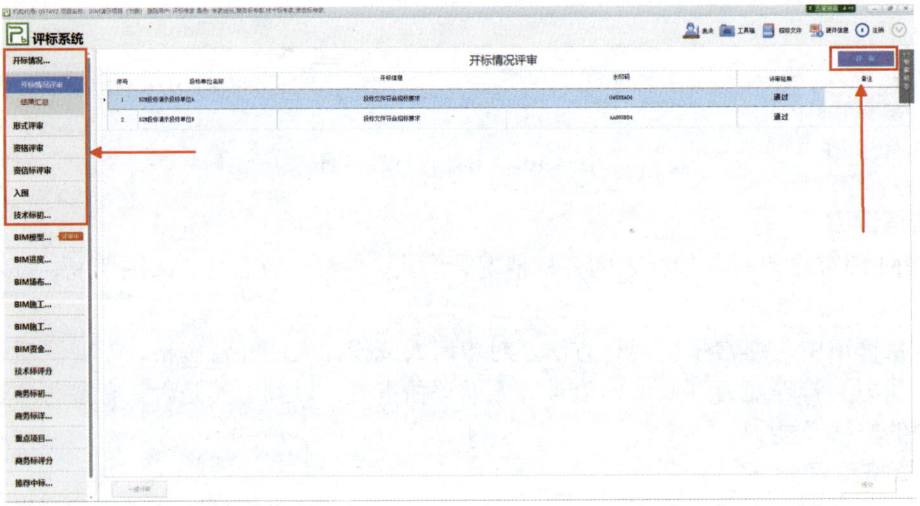


图 4.12　评价端进入二级评审

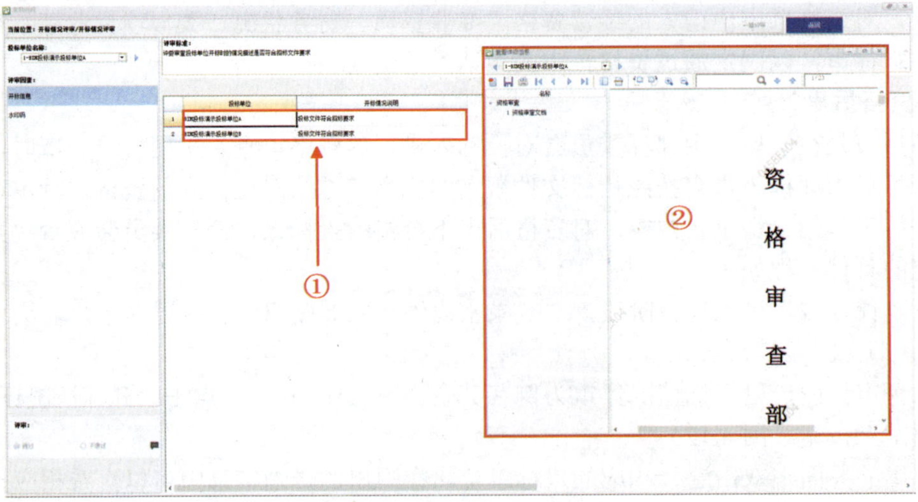


图 4.13　查看详细信息界面

### 4.3.3　BIM 技术标评审

评标阶段就是一个根据招标文件要求查看投标单位的响应方案的过程，通过 BIM 技术让评标专家的评审深度和质量得到进一步的提升，更清晰地判断投标单位的技术实力，从而辅助专家得出更正确的结论。评标的环境为双屏显示器，可以同时查看投标单位的电子标书与投标单位的 BIM 投标模型。

#### 4.3.3.1　BIM 模型评审

招标人发出的 BIM 模型难免会有错误，需要投标人进行更改，这也考察了各投标单位的 BIM 技术实力是否可以找到原始 BIM 模型中的设计疏漏，同时有能力进行深化设计。通过模型评审，可以在 3D 中查看优化的部位，还可同时查看 2D 的 CAD 图纸以便更准确地查看模型的优化方案，更直观地进行最后的评审定分。在 BIM 评审环节中，点击“评审”可查看投标单位的投标文件内容，点击“BIM 辅助评标”可查看投标单位所响应的 BIM 文件。

打开评标系统，进入评标评审流程，在“BIM 模型评审”节点，点击“评审”可以进入二级界面对评审因素做详细评审（图 4.14）。

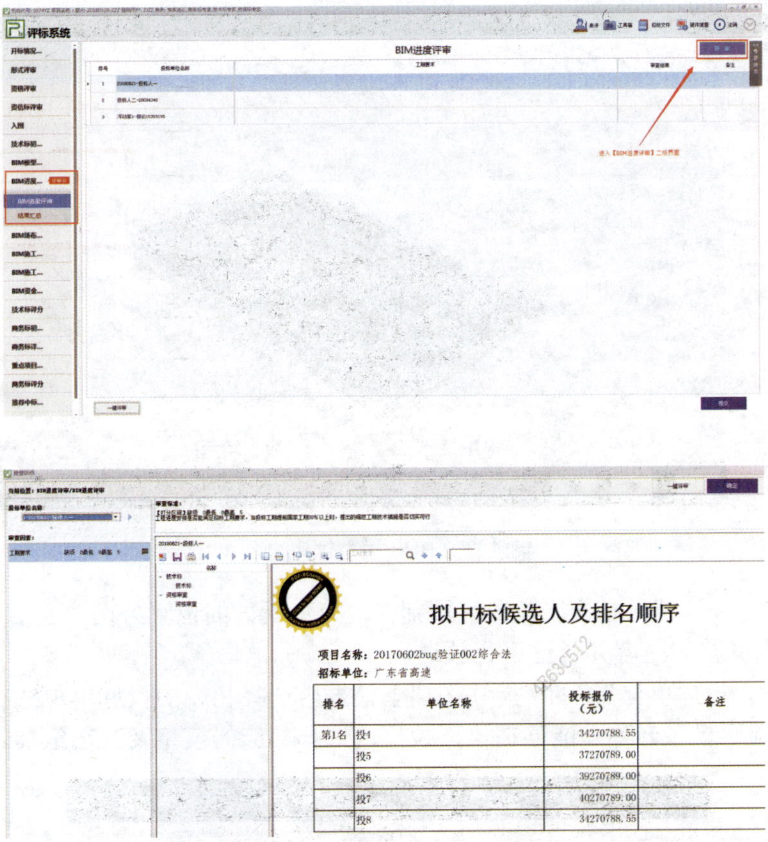


图 4.14　BIM 模型评审界面

点击右上角的“下拉”按钮，点击“启动 BIM 辅助评标”按钮，启动 BIM 辅助评标系统，展示 BIM 模型（图 4.15）。

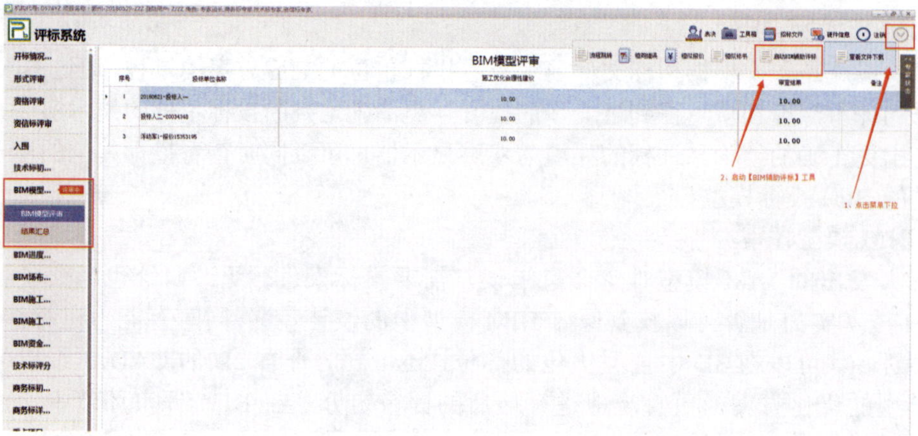


图 4.15　启动 BIM 辅助评标系统

评审人员能够对模型翻转查阅，能够查看 BIM 投标文件中截取的“视口”，截取“视口”时的文字描述也能够通过语音播放；右下角可以切换“3D 模型”或“2D 图纸”分别查阅（图 4.16）。

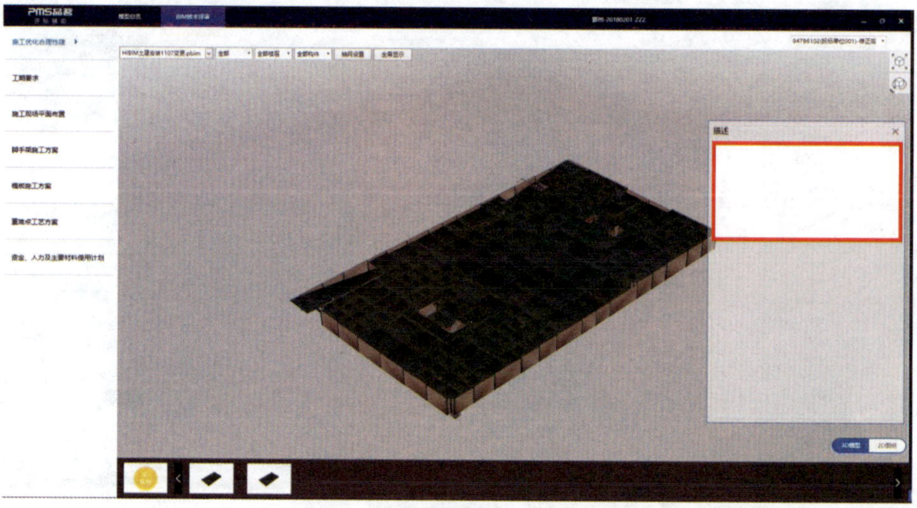

图 4.16　BIM 模型评审查阅

点击下方的“视口”，能够让模型切换到“视口”所处的位置方向，且右侧显示 BIM 投标文件中所输入的描述内容并通过语音放送。

右上方显示“投标单位”名称，能够在该下拉框内选择相应的投标单位进行快速切换（图 4.17）；左上方显示模型名称，能够在该下拉框内选择相应的模型及其图纸展示（图 4.18）。

图 4.17　投标单位显示下拉框

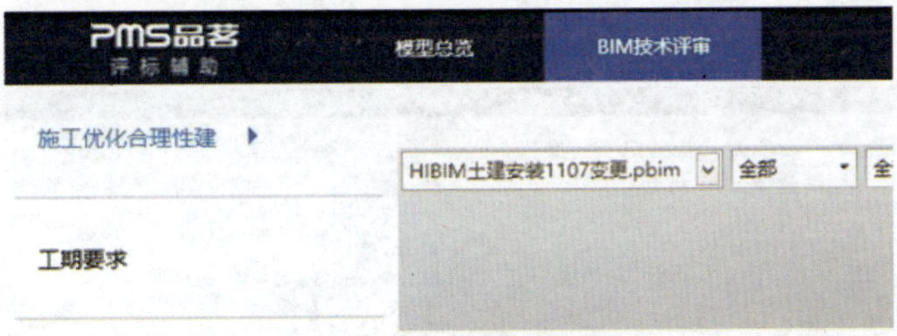


图 4.18 投标模型展示下拉框

右键选中模型中的一个构件，可以查看该构件的详细属性（图 4.19）。

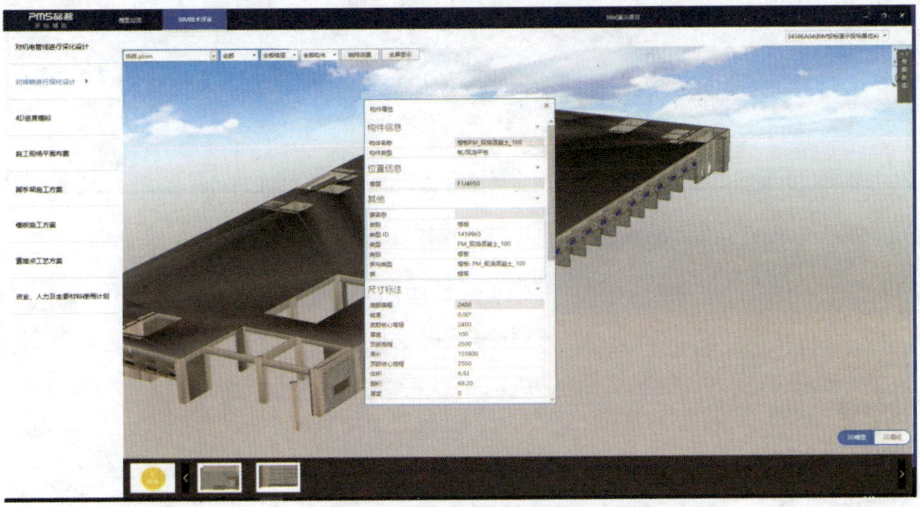

图 4.19 构件属性查看

点击右下角的“2D 图纸”，能够切换到当前 3D 模型中所上传的图纸进行查阅，通过左右两侧的方向键切换图纸，同时可以拖拽图纸，调整其大小（图 4.20）。

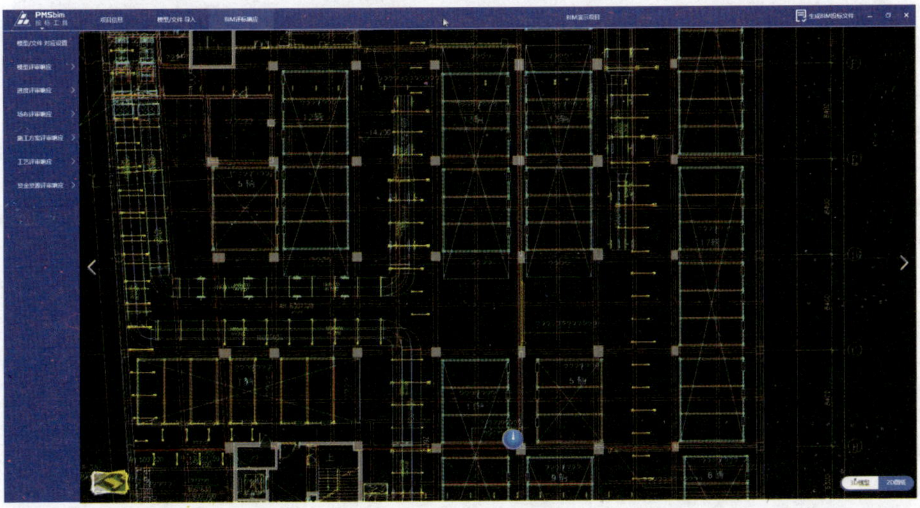

图 4.20 模型图纸

点击左上角“模型总览”可对模型进行整体查阅（图 4.21）。

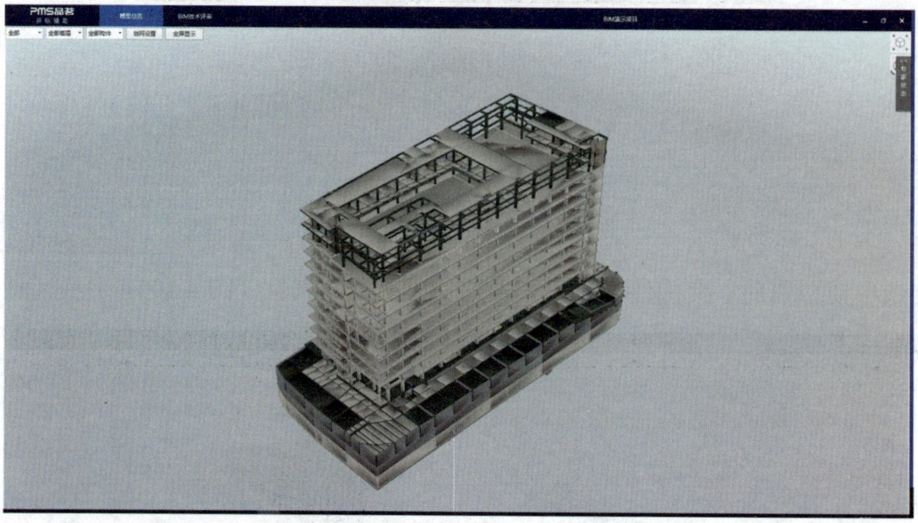

图 4.21　模型总览

BIM 模型评审结束评分流程如下：①找到响应投标单位，双击对应评审点进行打分，评审结果会自动汇总分数；②在备注处写详细说明（以下 BIM 评审点同理）（图 4.22）。

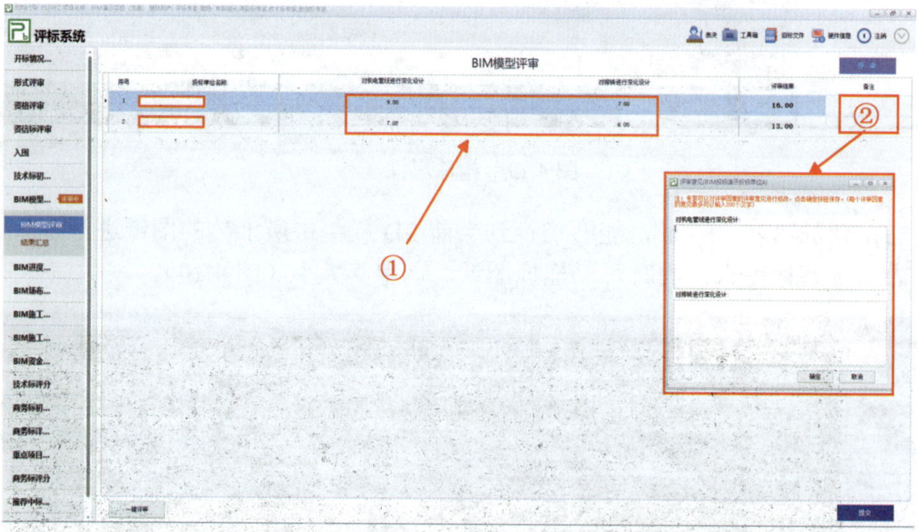


图 4.22　评审批注

#### 4.3.3.2　BIM 施工进度模拟评审

进度评审指的是对技术标中的进度计划进行评审，是评标专家改变过去电子版横道图评审的方式，通过 3D 模型动态演示，以 4D 立体动态的角度，清晰直观地给评标专家呈现出投标人的进度计划，加深评标专家对该进度计划的理解。专家评审时可以在不同的窗口中对不同专业的施工顺序进行检查并且可以自由选取时间，调整视角，便于专家检查进度安排的合理性，发现工序、节点间的问题（图 4.23）。

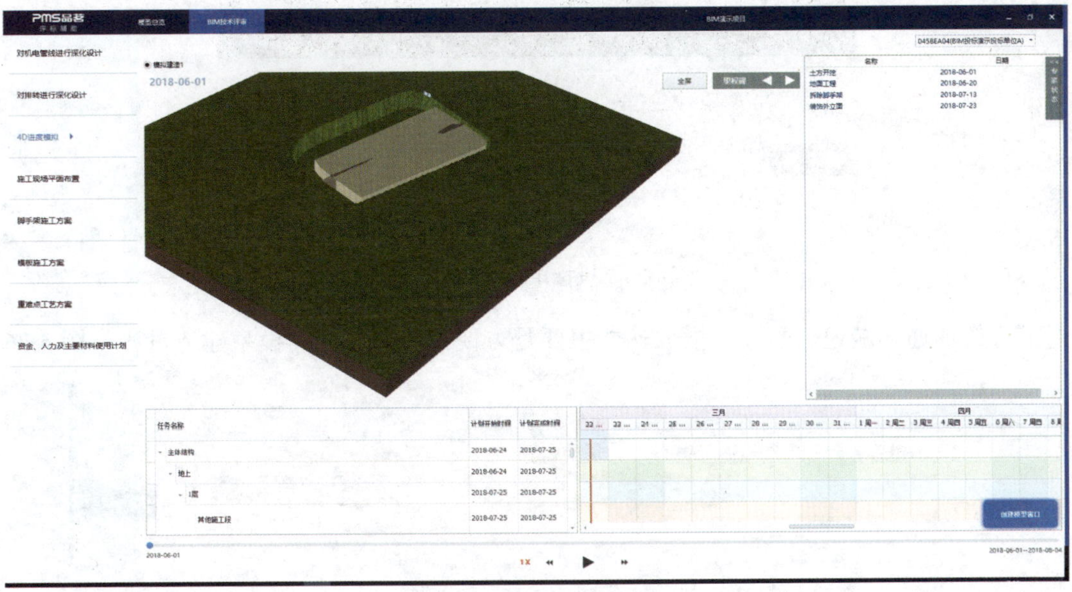

图 4.23　BIM 施工进度模拟评审

评审人员能够通过“里程碑”，切换到 BIM 投标文件中设置的暂停节点，用以快速查阅重点项（图 4.24）。右上方显示“投标单位”名称，能够在下拉框内选择相应的投标单位进行快速切换（图 4.25）。

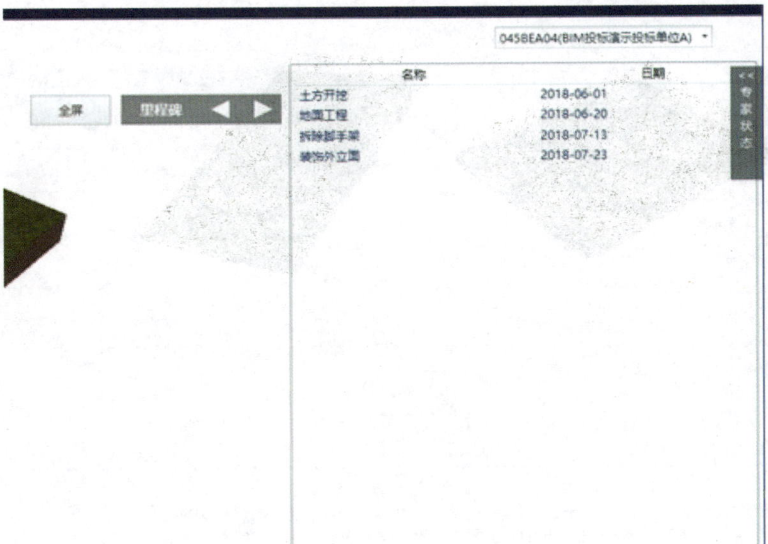


图 4.24　里程碑

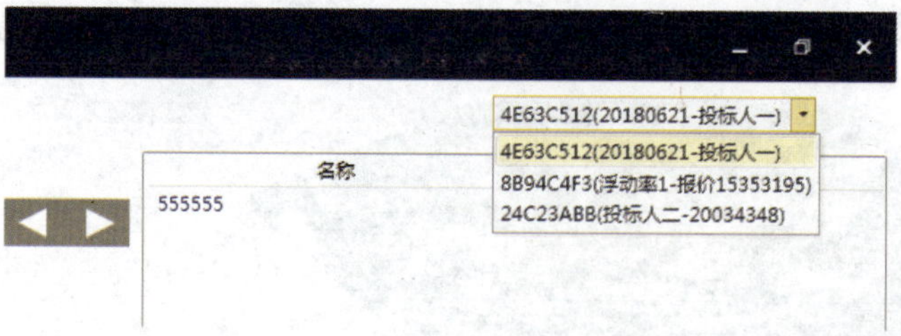


图 4.25 投标单位显示下拉框

下方的加速、减速、暂停、播放功能主要是方便评审人员查阅模型建造过程（图 4.26）。

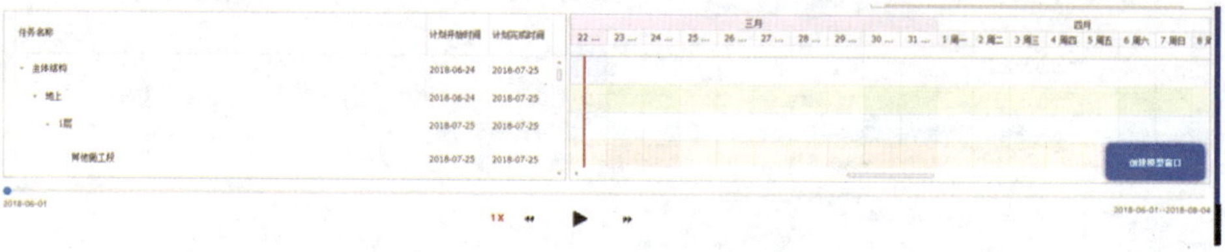

图 4.26 进度模拟调节功能

点击右下方的“创建模型窗口”按钮，能够创建新的模型窗口，进度播放时两个模型窗口会同时模拟建造，方便专家调整不同的角度，同时观察模型的建造与进度关系（图 4.27）。

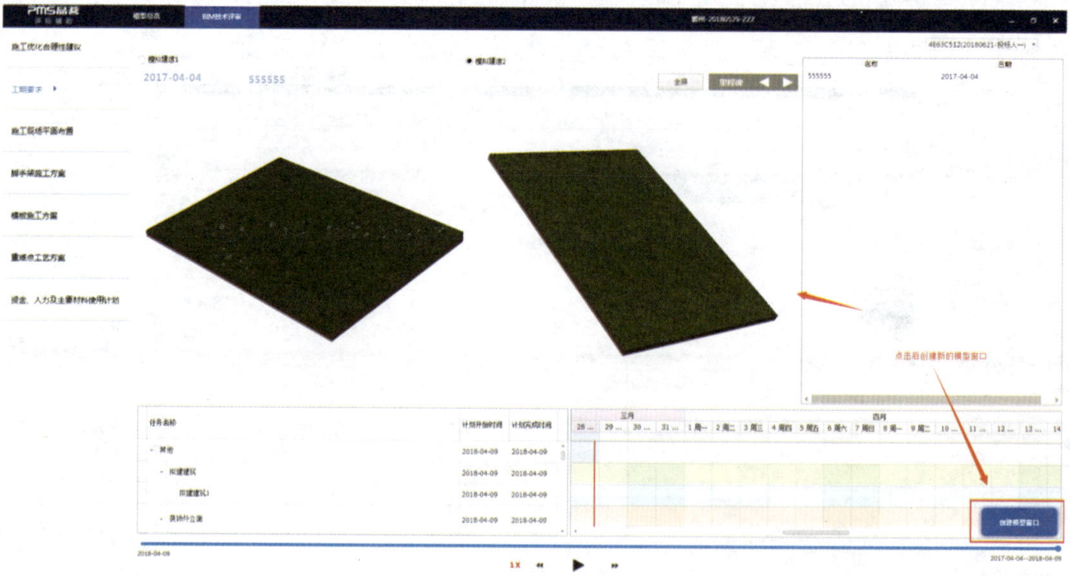


图 4.27 评审模型窗口创建

#### 4.3.3.3 BIM 施工场地布置评审

以往的场地布置检查主要由投标单位提供一张场地布置平面图，采用 BIM 技术以后，评标专家可以很直观地查看到施工场地及临时设施布置情况，通过 3D 场地与实体模型措施方案模型结合，在复杂的项目上还可以通过漫游方式查看视角审查场地方案，有效提升评审结果的准确性，同时也降低了后期因场地布置导致的安全隐患风险（图 4.28）。

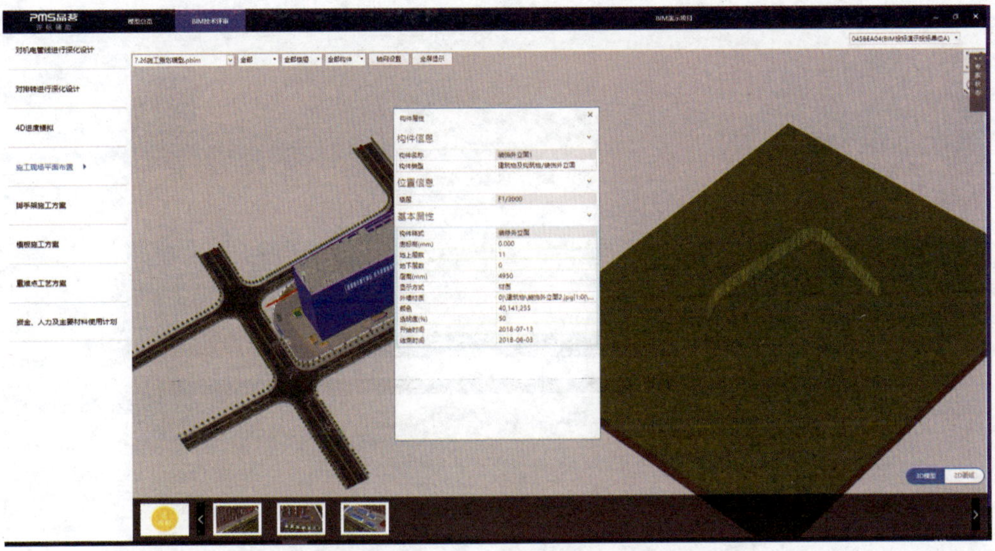

图 4.28　施工场地布置评审

#### 4.3.3.4　BIM 施工方案评审

根据招标文件的要求，投标单位需要通过 BIM 模型的方式对施工过程中的脚手架及模板的施工方案进行响应，评标专家可以通过系统看到投标单位的施工方案。脚手架施工方案、模板施工方案如图 4.29 所示。

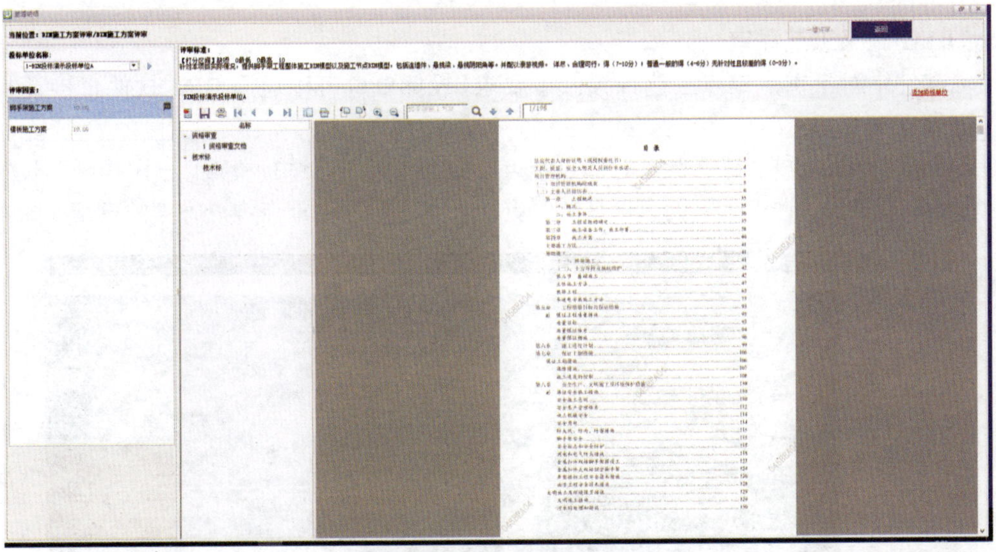

图 4.29　BIM 施工方案查看

在“BIM 场地布置评审”结束后进入“BIM 施工方案评审”，点击“评审”可以进入二级界面对评审因素做详细评审，在该评审节点主要是对“脚手架施工方案”以及“模板施工方案”进行评审，如果已经在之前的评审打开“BIM 评标辅助工具”，则在点击“评审”按钮时，“BIM 评标辅助工具”会自动切换到“BIM 施工方案评审”节点（图 4.30）。

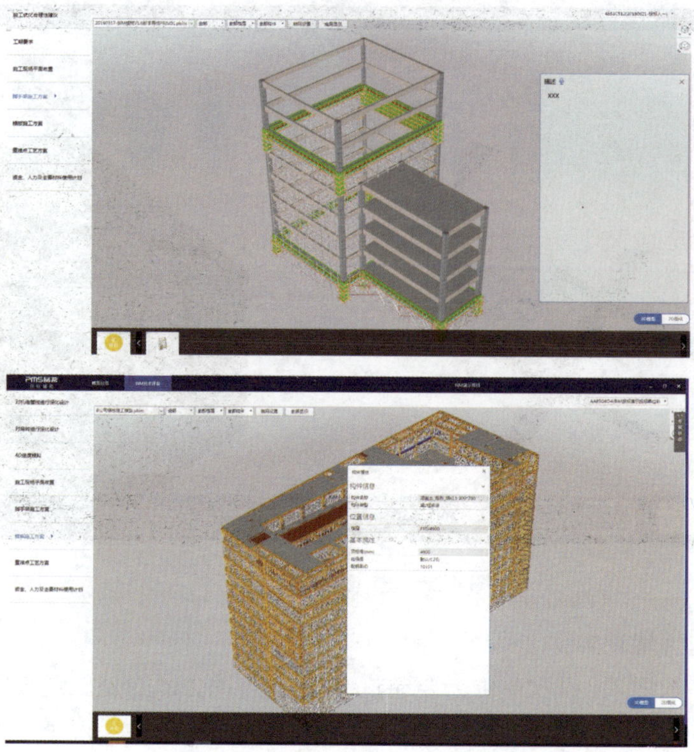

图 4.30　BIM 施工方案评审

#### 4.3.3.5　BIM 施工工艺评审

招标文件中对于重点难点工艺视频做了要求，投标单位可以运用 BIM 软件直接录制动画视频，进行方案交底。

通过动画视频的形式，评标专家对重点难点部分的施工工艺进行检查。相比传统冗长的文字说明，这种方式增强了评审专家的直观体验，更便于评标专家对重点难点方案的理解（图 4.31）。

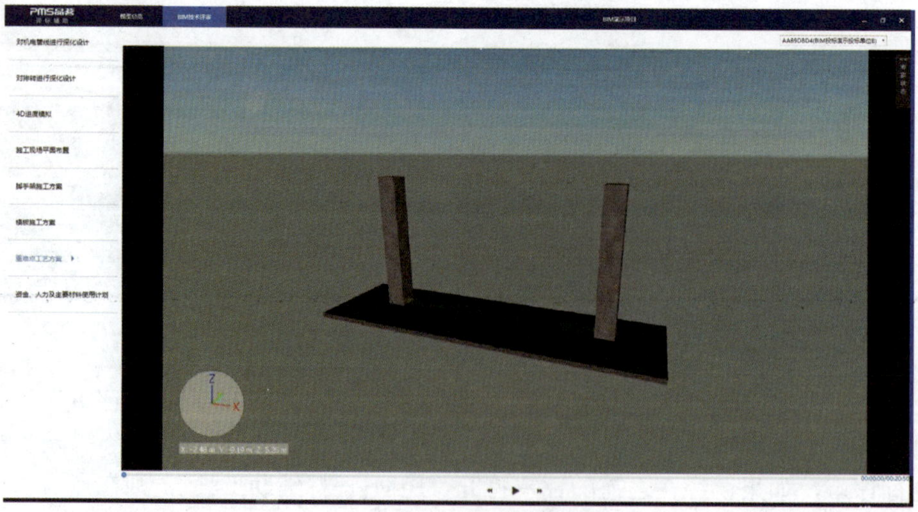

图 4.31　BIM 施工工艺评审

#### 4.3.3.6　BIM 资金资源评审

对于资金资源消耗计划合理性的评审，目前采用让投标单位提供主要材料消耗计划表的形式。采用 BIM 技术后，可以很直观地看到模型的模拟建造、资金资源的消耗情况，便于评标专家对资金资源计划进行全面、深度的评估，也支持以折线图的方式，让评标专家进行仔细的审查（图 4.32）。

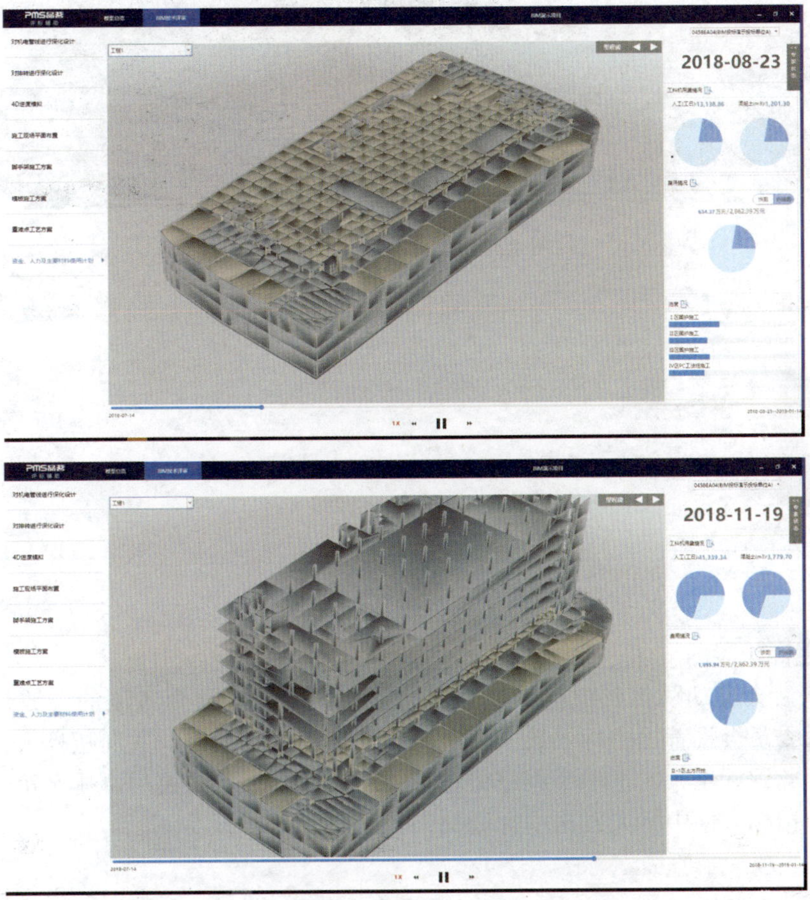


图 4.32　BIM 资金资源评审

通过时间、当前值、累计值等多维度对投标人的资金和资源使用计划合理性进行审查。同时，资源模拟可根据系统配置，显示出混凝土用量等重要主材预算量曲线，从而有利于评标专家及招标人评选出更加优质的投标人。

### 4.3.4　BIM 商务标评审

当评标专家点击某一条清单时，模型中会自动把这条清单高亮显示出来（图 4.33）。同样的一扇窗可能因为装在不同的楼层、不同的安装角度、需要不同的安装手法，导致人工有所不同，从而导致清单的价格不同。

所以通过 BIM 模型可以展示以往不能展示的一些信息，做到精细化管理。评标专家不仅仅可以通过清单来查看对应的模型中的构件，也可以通过点击构件，查看该构件背后的清单及工料机组成，评标系统将自动根据评标规则算出得分（图 4.34）。

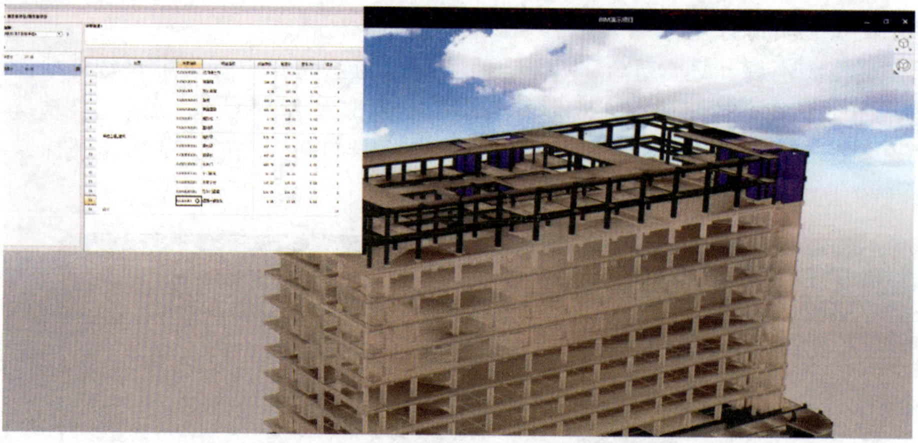

图 4.33　BIM 模型清单指引

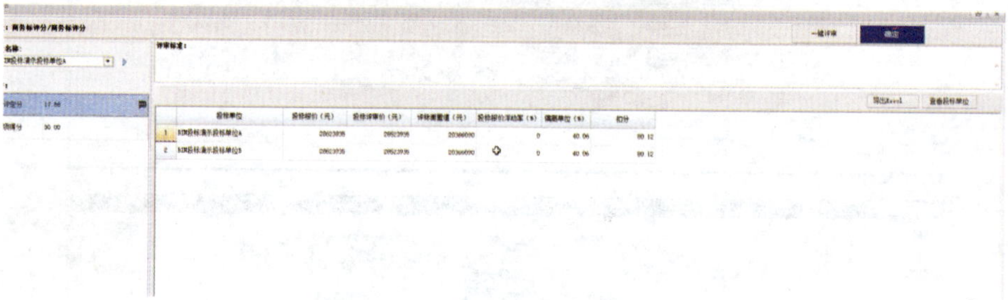

图 4.34　商务标评审

### 4.3.5　BIM 定标阶段

评标结束后会自动跳转到中标候选人界面，软件将自动结合各项的分数列出中标候选人，再由评标委员会推荐出中标候选人，之后自动生成评标报告，并向招标人提交评标报告（图 4.35），至此评标结束。下一个程序将进入公示阶段，公示结束后，排名第一的中标候选人为中标人，招标人向中标人发出中标通知书。

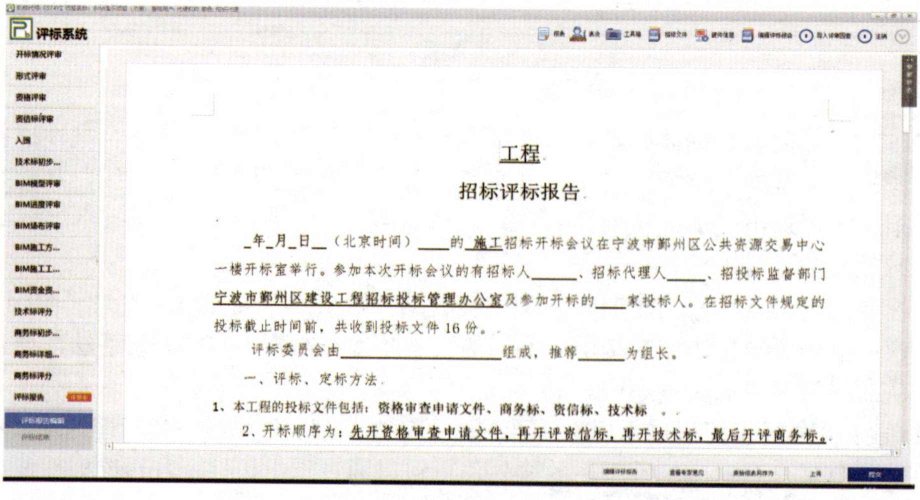


图 4.35　评标报告编辑

最后将文件、公示公告、合同、BIM 投标方案归档。

# 任务 4.4　建设工程定标及签订合同

【引例】

某重点工程项目计划于 2014 年 12 月 28 日开工，由于工程复杂，技术难度高，一般施工队伍难以胜任，经批准后采取邀请招标方式。业主方于 2014 年 9 月 8 日向通过资格预审的 A、B、C、D、E 5 家施工承包企业发出了投标邀请书。该 5 家企业均接受了邀请，并于规定时间 9 月 20—22 日购买了招标文件。招标文件中规定，10 月 19 日上午 9 时是招标文件规定的投标截止时间。

在投标截止时间之前，A、B、D、E 4 家企业提交了投标文件，10 月 19 日上午 9 时由招标人主持进行了公开开标。评标委员会成员共有 7 人组成，其中技术经济方面的专家 5 人。评标委员会经过响应性评审、符合性评审、详细评审（分商务标和技术标）等程序提出了评标报告。B、A 企业分别为综合得分第一、第二名。10 月 25 日招标人向 B 企业发出了中标通知书。招标人在签订合同前与投标人 B 企业就合同细节进行了多次谈判，并最终于 11 月 18 日签订了书面合同。

【思考】

（1）评标委员会提出评标报告后，招标人接下来该做的工作有哪些？

（2）签订合同时有哪些注意事项？

（3）导致中标无效的情况有哪些？

定标也称中标，是指招标人根据评标委员会的评标报告，在推荐的中标候选人（一般为 1～3 个）中，最后确定中标人的活动。在某些情况下，招标人也可以直接授权评标委员会直接确定中标人。

### 4.4.1　确定中标人

招标人可以授权评标委员会直接确定中标人，也可依据评标委员会推荐的中标候选人确定中标人。评标委员会一般按择优原则推荐 1～3 名中标候选人。从原则上来说，招标人应当确定排名第一的中标候选人为中标人。排名第一的中标候选人放弃中标或因不可抗力提出不能履行合同，或者招标文件规定应当提交履约保证金而在规定的期限内未能提交的，招标人可以确定排名第二的中标候选人为中标人。排名第二的中标候选人因前款规定的同样原因不能签订合同的，招标人可以确定排名第三的中标候选人为中标人。

招标人确定中标人之后，应当及时向中标人发出中标通知书。同时，也应将中标结果书面通知其他未中标的投标人，并按有关规定及时退还投标保证金。

### 4.4.2　中标通知书

中标通知书作为招标投标法规定的承诺行为，发出时生效，且对于中标人和招标人都产生约束力。《中华人民共和国合同法》规定，承诺生效时合同成立。《招标投标法》规定，中标通知书发出后，招标人改变中标结果的，或者中标人放弃中标项目的，均应依法承担法律责任。中标通知书发出后招标人改变中标结果，变更中标人，实质上是一种单方撕毁合同的行为，投标人放弃中标项目则是一种违约行为，应承担违约责任。

### 4.4.3　签订合同

#### 4.4.3.1　发出中标通知书，订立书面合同

招标人自确定中标人之日起15日内向有关行政监督部门提交招标投标情况的书面报告。招标人应自中标通知书发出之日起30日内，按照招标文件和中标人的投标文件，与中标人订立书面合同；招标文件要求中标人提交履约担保的，中标人应当在签订合同前提交，同时招标人向中标人提供工程款支付担保。招标人与中标人签订合同后5日内，向中标人和未中标的投标人退还投标保证金及银行同期存款利息。

#### 4.4.3.2　中标无效的情况

中标无效指的是招标人确定的中标失去了法律效力，即获得中标的投标人丧失了与招标人签订合同的资格，招标人不再有与之签订合同的义务。在已签订了合同的情况下所签订合同无效。

《招标投标法》规定中标无效的情况有以下6种：

（1）招标代理机构违反本法规定，泄露应当保密的情况和资料，或者与招标人、投标人串通损害国家利益、社会公共利益或者他人合法权益的行为影响中标结果的，中标无效。

（2）招标人向他人透露已获得招标文件的潜在投标人的名称、数量或者可能影响公平竞争的有关招标投标的其他情况的，或者泄露标底的行为影响中标结果的，中标无效。

（3）投标人与招标人串通投标，投标人以向招标人或者评标委员会成员行贿的手段取得中标的，中标无效。

（4）投标人以他人名义投标或者以其他方式弄虚作假，骗取中标的，中标无效。以他人名义投标，指投标人挂靠其他施工单位，或从其他单位通过转让或租借的方式获取资格资质证书，或者由其他单位及法定代表人在自己编制的投标文件上加盖印章和签字等行为。

（5）依法必须进行招标的项目，招标人违反规定，与投标人就投标价格、投标方案等实质性内容进行谈判的行为影响中标结果的，中标无效。

（6）招标人在评标委员会依法推荐的中标候选人以外确定中标人的，依法必须进行招标项目在所有投标人以外确定中标人的，中标无效。

## 任务4.5　建设工程招投标引入BIM技术的意义

【引例】

在当前的BIM行业推进的方式采用“整体推进，分段落实”的方法，各阶段都有显著的推进效果，但在招投标阶段还是采用传统的文本形式，导致了设计阶段与施工阶段中间的招投标阶段是完全断开的，设计阶段与施工阶段的模型是分别独立的，并没有体现BIM的“基于同一个模型进行精细化协同管理”这个特点。

在招投标阶段引入BIM模型，不仅能简化、优化、深化招投标阶段，还能使其他阶段得到更好的应用，这就像杠杆的支点一样把设计、施工及后续的监理、项目管控各个方面，在相同的标准下进行BIM的应用，探索开展白图替代蓝图、数字化审图等工作，发挥BIM全局优化的效果。

【思考】

引入 BIM 技术招投标对各主体有什么好处？

## 4.5.1 招投标中的两次变革

### 4.5.1.1 第一次变革——纸质化

代理机构负责编制招标公告和采购文件，报市财政部门审查，由市财政部门上报市招监办备案。代理机构编制招标文件时主要依据的是历史文件或范本，标准不统一。

在政府采购相关媒体上发布招标公告，由专人出售招标文件，但标书打印成本高，容易造成浪费，并需要在开标前组织标前答疑会，并逐个通知供应商。

投标方需打印装订多份纸质投标（响应）文件，并手签、盖章、现场投递，在现场开标过程中，大量纸质文件将递交给代理机构，投标方参加开标会的成本较高。

评标环节中人工制作评标表格，评委翻阅纸质标书自行打分，通过人工汇总分值，最后手工编制评标报告，由专人发布中标（成交）公告，并以传真电话的形式通知中标人领取中标（成交）通知书。

### 4.5.1.2 第二次变革——电子化

各地方发布了本地标准招标文件范本。一是文件均采用电子标书形式；二是文件中要求签名、盖章的位置，全部采用相应数字证书的电子签名及签章；三是在投标文件不予受理的情形方面，增加了“投标人提供的电子标书格式不符合要求和开标后无法读取导入”等条款。此外，电子化系统将自动生成招标文件初稿，并自动合成招标文件，转换成 PDF 格式，加盖电子印章，监管部门审核时只审核可换数据。

招标公告系统将自动进行发布，同时相关公告在电子招标投标交易平台和指定媒介上同步发布。代理机构及时将资格预审文件、招标文件加载至电子招标投标交易平台，投标人在网上自行购买，支付成功后自动下载。通过电子招标投标交易平台公告澄清或修改的内容，以有效方式（如短信等）通知所有已下载资格预审文件或者招标文件的潜在投标人。

投标人制作电子投标书、加盖电子签章并在网上投递。开标环节在网上开标，有效节省了差旅费。同时，供应商自己对投标文件进行加密并自己解开，招标人可以在招标文件中明确投标文件解密失败的补救方案。

在评标过程中，系统自动生成评标表格、抓取数据，自动进行横向比对分析。评委在电脑上打分后，系统自动进行汇总。最后系统自动生成评标报告、中标公告等，系统自动通过邮件、短信的形式发送给相应供应商。中标人最终确定后，将通过电子交易平台，以数据电文形式向中标人发出中标通知。

### 4.5.1.3 第三次变革——可视化

随着国务院办公厅印发《整合建立统一的公共资源交易平台工作方案》（国办发〔2015〕63 号）的文件发布，到目前为止，各地从纸质化招投标向电子化招投标的转变基本完成，随着国家对 BIM 技术的推广，借助 BIM 技术所拥有的特点，在招投标中可以直观地基于 3D 场景对项目进行方案展示和论证，有利于对项目作出更优的判断也可以解决以往招投标中所遇到的问题，代替传统的纸质或文档形式投标方案，为建设工程招投标环节带来又一次的技术革新，实现 BIM 可视化评审的新时代。

（1）招标阶段。招标人委托设计院制作该项目的 BIM 模型，委托预算单位根据制作的该项目模型来编制工程量清单，之后编制该项目的电子招标文件，在电子招标文件中明确所需要"BIM 相关评审点"，从而使得评审更具具体化与明确性，让来进行投标的单位进行响应，最后招标人将电子招标文件、BIM 模型、工程量清单通过电子交易平台进行发布。

（2）投标阶段。投标单位通过交易平台获取电子招标文件、BIM 模型、工程量清单，通过 BIM 投标文件制作工具对相应的"BIM 相关评审点"的评审要求进行响应，可以复用 BIM 模型做深化设计，复用 BIM 模型制作 BIM 投标方案，从而获得更高的评审分值。

（3）开标、评标阶段。评标专家根据招标文件中所要求的评审项与评审要求来查看投标文件中的响应方案，通过 BIM 评标系统对每一评审项进行规则评分，最后选择出优质投标单位。

（4）定标阶段。公示中标候选人和中标结果公告，发出中标通知书，最后进行文件、公示公告、合同、BIM 投标方案归档。

### 4.5.2 加入 BIM 技术对各主体带来的好处

#### 4.5.2.1 招标人

在招标环节基于 BIM 模型呈现该项目更有利于发现该项目所存在的隐藏问题，将传统技术标和商务标联动展示，打破商务标与技术标原有的边界使得商务标与技术标更好地进行综合，从而使得商务标不再是决定中标的最主要原因，也排除了地下中标高价结算的历史问题，使项目实施过程中的各项风险得以提前识别。

#### 4.5.2.2 投标人

通过 BIM 标书可视化和数据联动性，可与对应工程的施工工艺的差异化，避免了以往纸质版的重复性，降低了恶性竞争，较以往文档文件更能展示投标单位的实力，提升中标概率。

#### 4.5.2.3 评标专家

将原有的文字、表格、图片的技术标信息和商务标信息，以 BIM 模型与动画的方式进行呈现，不仅可以在评标过程中大大节约不必要的阅读时间，也更加具有真实性，能更好地展示所需要的内容，提高评审的深度，按照评审项进行评分也可提高评审的质量。

#### 4.5.2.4 交易服务、监督机构

传统的工程交易是基于纸质投标文件或电子投标文档呈现投标方案，通过在工程交易环节引入 BIM 技术，将评审点通过 BIM 模型呈现，提升了投标方案的展示效果，也促进了招投标管理的精细化程度和管理水平，使评标过程更严谨，服务水平更高。

在 BIM 标书的编制过程中，明确招标范围和实质性要求，基于模型、进度、成本进行数据关联，设置各项埋点数据，以此作为 BIM 标书清标检查要点，对招投标各个环节进行监控，避免违规，能极大地遏制在投标环节中的围标串标行为，方便招标人决策和投标人投标，提升招投标的监管力度。

# 项目 5　建设工程合同与合同管理

## 任务 5.1　建设工程项目合同的概述

【引例】

**建设工程设计合同**

（专业建设工程设计合同）

发包人：________________________

设计人：________________________

发包人委托设计人承担________________工程设计，经双方协商一致，签订本合同。

第一条　本合同依据下列文件签订：

1.1 《中华人民共和国合同法》《中华人民共和国建筑法》《建设工程勘察设计市场管理规定》。

1.2 国家及地方有关建设工程勘察设计管理法规和规章。

1.3 建设工程批准文件。

第二条　本合同设计项目的内容：名称、规模、阶段、投资及设计费等见下表。

| 序号 | 分项目名称 | 建设规模 | | 设计阶段及内容 | | | 估算总投资/万元 | 费率/% | 估算设计费/元 |
|---|---|---|---|---|---|---|---|---|---|
| | | 层数 | 建筑面积/$m^2$ | 方案 | 初步设计 | 施工图 | | | |
| | | | | | | | | | |
| | | | | | | | | | |

本工程设计范围包括：

（1）设计费用包含：建筑物的室外全部区域，包括但不仅限于：建筑物整体设计、建筑物室外整体景观绿化（含景观照明）、室外综合管网（给排水施工图、电气施工图、照明电气图、室外管线综合图等）、道路（广场、道路、停车）、围墙、场地、大门的方案设计、方案优化设计、施工图设计及后期施工现场配合（含工程地质勘察、二次设计、施工图审查、可行性研究报告如果需要），设计费中，方案设计占____%，初步设计占____%，施工图设计占____%。

（2）绿色建筑指标：不得低于一星。设计单位按照绿色建筑指标等级进行设计；达不到要求者，设计单位要按照评估机构要求进行相应调整。

第三条　发包人应向设计人提交的有关资料及文件：

| 序号 | 资料及文件名称 | 份数 | 提交日期 | 有关事宜 |
|---|---|---|---|---|
| 1 | 政府批文、用地红线图 | | 方案设计前 | |
| 2 | 业主对项目的设计要求及相关标准 | | 方案设计前 | |
| 3 | 场地周围道路坐标及标高、各种市政管线接口位置等资料 | | 初步设计前 | |

第四条　设计人应向发包人交付的设计资料及文件：

| 序号 | 资料及文件名称 | 份数 | 提交日期 | 有关事宜 |
|---|---|---|---|---|
| 1 | 优化方案文本（含电子光盘 10 张） | 15 | 签订合同后 5 日历天内提供优化方案文本 | （1）根据规划条件及发包人的要求进行优化方案。（2）此阶段设计方应根据需要提供相应套数的方案文本 |
| 2 | 初步设计文本（含初步设计概算） | 12 | 优化方案审查合格后 10 日历天内提交初步设计文本 | 供本工程评审及并联审批用 |
| 3 | 施工图正式设计文件 | 15 | 初步设计审查合格后 30 日历天内提交施工图设计文本 | 供施工用 |
| 4 | 室外配套工程 | 15 | 与施工图纸一起提供 | 供施工用 |
| 5 | 以上资料的电子文档 | 各 1 | | |

第五条　设计费支付进度

（一）合同签订、方案设计审查通过并经发包人认可后付合同总额的 30%。（二）图纸等编制完成，取得图纸审查合格证书（含室外配套工程）并交给招标人后付至合同价款的 80%；余款 20%待工程竣工验收合格后一次付清（无息）。

第六条　双方责任

第七条　违约责任

第八条　其他

**【思考】**

（1）合同的主要内容包括哪些？

（2）合同订立的形式有几种？要经过哪些阶段？

（3）合同的生效条件是什么？

（4）合同履行的基本原则是什么？约定不明确的合同如何履行？

（5）什么是合同的变更、转让和终止？

### 5.1.1　建设工程项目合同基础知识

#### 5.1.1.1　合同的概念

合同是具有平等民事主体的当事人，为达到一定目的，经自愿、平等、协商一致设立、变更、终止民事权利义务关系达成的协议。合同一旦成立，即具有法律约束力，在合同双方当事人之间产生权利和义务的法律关系。也正是通过这种权利和义务的约束，促使签订合同的双方当事人认真全面地履行合同。

### 5.1.1.2　建设工程合同

一个建设工程项目的实施，涉及的建设任务很多，往往需要很多单位共同参与，不同的建设任务由不同的单位分别承担，这些参与单位与业主之间应该通过合同明确其承担的任务和责任以及所拥有的权利。

根据不同的合同任务内容，建筑工程合同可划分为勘察合同、设计合同、施工承包合同、物资采购合同、工程监理合同、咨询合同、代理合同等。根据《中华人民共和国合同法》，勘察合同、设计合同、施工承包合同属于建设工程合同，工程监理合同、咨询合同属于委托合同。

### 5.1.1.3　建设工程合同管理

建设工程项目合同管理，是指对建设工程项目建设有关的各类合同，从合同条件的拟定、协商，合同的订立、履行和合同纠纷处理情况的检查和分析等环节的科学管理工作，以期通过合同管理实现建筑工程项目的“三控制”目标，维护合同当事人双方的合法权益。建筑工程项目合同管理的过程是一个动态过程，是随着建筑工程项目合同管理的实施而实施的，因此建筑工程项目合同管理，是一个全过程的动态管理。

## 5.1.2　建筑工程合同的谈判与订立

### 5.1.2.1　合同订立的程序

合同订立的过程也就是合同形成的过程、合同协商的过程。与其他合同的订立程序相同，工程合同的订立也要采取要约和承诺方式。根据《中华人民共和国招标投标法》对招标、投标的规定，招标、投标、中标的过程实质就是要约、承诺的一种具体方式。招标人通过媒体发布招标公告，或向符合条件的投标人发出招标文件，为要约邀请；投标人根据招标文件内容在约定的期限内向招标人提交投标文件，为要约；招标人通过评标确定中标人，发出中标通知书，为承诺；招标人和中标人按照中标通知书、招标文件和中标人的投标文件等订立书面合同时，合同成立并生效。

工程施工合同的订立往往要经历一个较长的过程。在明确中标人并发出中标通知书后，双方即可就建设工程施工合同的具体内容和有关条款展开谈判，直到最终签订合同。

### 5.1.2.2　建筑工程施工承包合同谈判的主要内容

（1）关于工程内容和范围的确认。招标人和中标人可就招标文件中的某些具体工作内容进行讨论、修改、明确或细化，从而确定工程承包的具体内容和范围。在谈判中双方达成一致的内容，包括在谈判讨论中经双方确认的工程内容和范围方面的修改或调整，应以文字方式确定下来，并以“合同补遗”或“会议纪要”方式作为合同附件，并明确它是构成合同的一部分。

对于为监理工程师提供的建筑物、家具、车辆以及各项服务，也应逐项详细地予以明确。

（2）关于技术要求、技术规范和施工技术方案。双方尚可对技术要求、技术规范和施工技术方案等进行进一步讨论和确认，必要的情况下甚至可以变更技术要求和施工方案。

（3）关于合同价格条款。一般在招标文件中就会明确规定合同将采用什么计价方式，在合同谈判阶段往往没有讨论的余地。但在可能的情况下，中标人在谈判过程中仍然可以提出降低风险的改进方案。依据计价方式的不同，工程施工合同可以分为总价合同、单价合同和成本加酬金合同。

（4）关于价格调整条款。对于工期较长的建设工程，容易遭受货币贬值或通货膨胀等因素的影响，可能给承包人造成较大损失。价格调整条款可以比较公正地解决这一承包人无法控制的风险损失。

无论是单价合同还是总价合同，都可以确定价格调整条款，即是否调整以及如何调整等。可以说，合同计价方式以及价格调整方式共同确定了工程承包合同的实际价格，直接影响着承包人的经济利益。在建设工程实践中，由于各种原因导致费用增加的几率远远大于费用减少的几率，有时最终的合同价格调整金额会远远超过原定的合同总价，因此承包人在投标过程中，尤其是在合同谈判阶段务必对合同的价格调整条款予以充分的重视。

（5）关于合同款支付方式的条款。建设工程施工合同的付款分四个阶段进行，即预付款、工程进度款、最终付款和退还保留金。关于支付时间、支付方式、支付条件和支付审批程序等有很多种可能的选择，并且可能对承包人的成本、进度等产生比较大的影响，因此，合同支付方式的有关条款是谈判的重要方面。

（6）关于工期和维修期。中标人与招标人可根据招标文件中要求的工期，或者根据投标人在投标文件中承诺的工期，并考虑工程范围和工程量的变动而产生的影响来商定一个确定的工期。同时，还要明确开工日期、竣工日期等。双方可根据各自的项目准备情况、季节和施工环境因素等条件洽商适当的开工时间。

对于具有较多的单项工程的建设工程项目，可在合同中明确允许分部位或分批提交业主验收（例如成批的房屋建筑工程应允许分栋验收；分多段的公路维修工程应允许分段验收；分多片的大型灌溉工程应允许分片验收等），并从该批验收时起开始计算该部分的维修期，以缩短承包人的责任期限，最大限度保障自己的利益。

双方应通过谈判明确，由于工程变更（业主在工程实施中增减工程或改变设计等）、恶劣的气候影响以及种种“作为一个有经验的承包人无法预料的工程施工条件的变化”等原因对工期产生不利影响时的解决办法，通常在上述情况下应该给予承包人要求合理延长工期的权利。

合同文本中应当对维修工程的范围、维修责任及维修期的开始和结束时间有明确的规定，承包人应该只承担由于材料和施工方法及操作工艺等不符合合同规定而产生的缺陷。

承包人应力争以维修保函来代替业主扣留的保留金。与保留金相比，维修保函对承包人有利，主要是因为可提前取回被扣留的现金，而且保函是有时效的，期满将自动作废。同时，它对业主并无风险，真正发生维修费用，业主可凭保函向银行索回款项。因此，这一作法是比较公平的。维修期满后，承包人应及时从业主处撤回保函。

（7）合同条件中其他特殊条款的完善。主要包括：关于合同图纸；关于违约罚金和工期提前奖金；工程量验收以及衔接工序和隐蔽工程施工的验收程序；关于施工占地；关于向承包人移交施工现场和基础资料；关于工程交付；预付款保函的自动减额条款等。

**5.1.2.3　工程施工承包合同最后文本的确定和合同签订**

（1）合同风险评估。在签订合同之前，承包人应对合同的合法性、完备性、合同双方的责任、权益以及合同风险进行评审、认定和评价。

（2）合同文件内容。建设工程施工承包合同文件构成：合同协议书；工程量及价格；合同条件，包括合同一般条件和合同特殊条件；投标文件；合同技术条件（含图纸）；中标通知书；双方代表共同签署的合同补遗（有时也以合同谈判会议纪要形式）；招标文件；其他双方认为应该作为合同组成部分的文件。

对所有在招标投标及谈判前后各方发出的文件、文字说明、解释性资料进行整理。对凡是与上述合同构成内容有矛盾的文件，应宣布作废。可以在双方签署的《合同补遗》中，对此做出排除性质的声明。

（3）关于合同协议的补遗。在合同谈判阶段双方谈判的结果一般以《合同补遗》的形式，有时也可以以《合同谈判纪要》的形式，形成书面文件。

同时应该注意的是，工程施工承包合同必须遵守法律。对于违反法律的条款，即使由合同双方达成协议并签了字，也不受法律保障。

（4）签订合同。对方在合同谈判结束后，应按上述内容和形式形成一个完整的合同文本草案，经双方代表认可后形成正式文件。双方核对无误后，由双方代表草签，至此合同谈判阶段即告结束。此时，承包人应及时准备和递交履约保函，准备正式签署施工承包合同。

### 5.1.3 工程担保

工程担保中大量采用的是第三方担保，即保证担保。承发包双方为了全面履行合同，应互相提供担保。建筑工程中常采用的担保种类有：投标担保、履约担保、预付款担保、支付担保、工程保修担保等。

#### 5.1.3.1 投标担保

投标担保，或投标保证金，是指投标人向招标人提供的担保，投标人保证中标后履行签订承发包合同的义务，否则，招标人将对投标保证金予以没收。保证投标人一旦中标即按中标通知书、投标文件和招标文件等有关规定与业主签订承包合同。

投标保证金的方式：交付现金；支票；银行汇票；不可撤销信用证；银行保函；由保险公司或者担保公司出具投标保证书。具体方式由招标人在招标文件中规定，未能按照招标文件要求提供投标担保的投标，可视为不响应招标而被拒绝。

根据《工程建设项目施工招标投标办法》规定，施工投标保证金的数额一般不得超过投标总价的 2%，但最高不得超过 80 万元人民币。投标保证金有效期应当超出投标有效期 30 天。

根据《工程建设项目施工招标投标办法》规定，招标文件要求投标人提交投标保证金的，保证金数额一般不超过勘察设计费投标报价的 2%，但最高不得超过 10 万元人民币。国际上常见的投标担保的保证金数额为 2%～5%。

投标担保的主要目的是保护招标人不因中标人不签约而蒙受经济损失。投标担保要确保投标人在投标有效期内不要撤回投标书，以及投标人在中标后保证与业主签订合同并提供业主所要求的履约担保，预付款担保等。

#### 5.1.3.2 履约担保

履约担保，是指招标人在招标文件中规定的要求中标的投标人提交的保证履约合同的义务和责任的担保。

履约担保的形式：银行保函，履约担保书，保留金。银行履约保函是由商业银行开具的担保证明，通常为合同金额的 10%左右，银行保函分为有条件的银行保函和无条件的银行保函。由担保公司或保险公司开具履约担保书，当承包人在执行合同中违约时，开出担保书的担保公司或保险公司用该项担保金去完成施工任务或者向发包人支付完成该项目所实际花费的金额，但该金额必须在保证金的担保金额内。保留金，是指发包人根据合同约定，每次支付工程进度款时扣除一定数目的款项，作为承包人完成其修补缺陷义务的保证。保留金一般为每次工程进度款的 10%，但总额一般应限制在合同总价款的 5%。一般在工程移交时，业主将保留金一半支付给承包人，质保期时，将剩下一半支付给承包人。

履约担保的有效期始于工程开工之日，终止日期则可以约定为工程竣工交付之日或者保修期满之日。由于合同履行期限应该包括保修期，履约担保的时间范围也应该覆盖保修期，如果确定履约担保的终止日期为工程竣工交付之日，则需要另外提供工程保修担保。

#### 5.1.3.3 预付款担保

建筑工程合同签订以后，发包人往往会支付给承包人一定比例预付款，一般为合同金额的10%，若发包人有要求，承包人应向发包人提供预付款担保。预付担保的作用在于保证承包人能够按合同规定进行施工，偿还发包人已支付的全部预付款。

预付款担保的形式一般为银行保函，也可由担保公司担保，或采取抵押等担保形式。预付款一般逐月从工程付款中扣除，预付款担保的担保金额也相应逐月减少。承包人在施工期间，应当定期从发包人处取得同意此保函减值文件，并交送银行确认。承包人还清全部预付款后，发包人应退还预付款担保，承包人将其退回银行注销，解除担保责任。

预付款担保的主要作用在于保证承包人能够按合同规定进行施工，偿还发包人已经支付的全部预付金额。若承包人中途毁约，终止工程，使发包人不能在规定期限内从应付工程款中扣除全部预付款，则发包人作为保函的受益人有权凭预付款担保向银行索赔该保函的担保金额作为补偿。

#### 5.1.3.4 支付担保

支付担保是指应承包人的要求，发包人提交的保证履行合同中约定的工程款支付义务的担保。支付担保的形式包括：银行保函；履约保证金；担保公司担保。

发包人支付担保应是金额担保，实行履约金分段滚动担保。担保额度为工程总额的20%～25%。本段清算后进入下段。

支付担保的作用是通过对发包人资信状况进行严格审查并落实各项反担保措施，确保工程费用及时支付到位。一旦发包人违约，付款担保人将代为履约。

招标文件中要求中标人提交履约担保的，中标人应当提交。招标人应当同时向中标人提供工程款支付担保。

### 5.1.4 建筑工程项目合同管理的内容和程序

建筑合同管理包括合同订立、履行、变更、索赔、解除、终止、争议解决以及控制和综合评价等内容，并应遵守《中华人民共和国合同法》和《中华人民共和国建筑法》的有关规定。

#### 5.1.4.1 建设工程合同的内容

一个建设工程项目的实施，涉及的建设任务很多，往往需要许多单位共同参与，不同的建设任务往往由不同的单位分别承担，这些参与主体与业主应该通过合同明确其承担的任务和责任以及所拥有的权利。

由于建设工程项目的规模和特点的差异，不同项目的合同数量可能会有很大的差异，大型建设项目可能会有成百上千个合同。但不论合同数量多少，根据合同中的任务内容来划分，有勘察合同、设计合同、施工承包合同、物资采购合同、工程监理合同、咨询合同、带来合同等。根据《中华人民共和国合同法》，勘察合同、设计合同、施工承包合同属于建设工程合同，工程监理合同、咨询合同等属于委托合同。

（1）建设工程勘察，是指根据建设工程的要求，查明、分析、评价建设场地的地质地理环境特征和岩土工程条件，编制建设工程勘察文件活动。建设工程勘察合同即发包人与勘察人就完成商定的勘察任务明确双方权利义务关系的协议。

（2）建设工程设计，是指根据建设工程的要求，对建设工程所需的技术、经济、资源、环境等条件进行综合分析、论证，编制建设工程设计文件的活动。建设工程设计合同即发包人与设计人就完成商定的工程设计任务明确双方权利义务关系的协议。

（3）建设工程施工，是指根据建设工程设计文件的要求，对建设工程进行新建、扩建、改建的施工活动。建设工程施工承包合同即发包人与承包人为完成商定的施工任务明确双方权利义务关系的协议。

（4）工程建设过程中的物资包括建筑材料和设备等。建筑材料和设备的供应一般需要经过订货、生产、运输、储存、使用等各个环节，经历一个非常复杂的过程。物资采购合同分为建筑材料采购合同和设备采购合同。

（5）建设工程监理合同是建设单位与监理人签订，委托监理人承担工程监理业务而明确双方权利义务关系的协议。

（6）咨询服务，根据其咨询服务的内容和服务的对象不同又可以分为多种形式。咨询服务合同是由委托人与咨询服务的提供者之间就咨询服务的内容、咨询服务方式等签订明确双方权利义务关系的协议。

（7）工程建设过程中的代理活动有工程代建、招投标代理等，委托人就代理内容、代理人权限、责任、义务以及权利等与代理人签订协议。

#### 5.1.4.2　施工承包合同的内容

建设工程施工合同一般分为施工总承包合同和施工分包合同。施工分包合同又分为专业工程分包合同和劳务作业分包合同。

在国际工程合同中，业主可以根据施工承包合同的约定，选择某个单位作为指定分包商，指定分包商一般应与承包人签订分包合同，接受承包人的管理和协调。

（1）施工承包合同示范文本。各种建设工程项目之间的差异性很大，因此有关行业管理部门均颁布了专门的合同文本。

（2）施工承包合同文件。

1）各种施工合同示范文本一般都由以下三部分组成：①协议书；②通用条款；③专用条款。

2）构成施工合同文件的组成部分，除了协议书、通用条款和专用条款以外，一般还应该包括：中标通知书、投标书及其附件、有关的标准、规范及技术文件、图纸、工程量清单、工程报价单或预算书等。

3）作为施工合同文件组成部分的上述各个文件，其优先顺序是不同的，解释合同文件优先顺序的规定一般在合同通用条款内，以下是合同通用条款规定的优先顺序：①协议书（包括补充协议）；②中标通知书；③投标书及其附件；④专用合同条款；⑤通用合同条款；⑥有关的标准、规范及技术文件；⑦图纸；⑧工程量清单；⑨工程报价单或预算书等。

发包人在编制招标文件时，可以根据具体情况规定优先顺序。

4）各种施工合同示范文本的内容一般包括：①词语定义与解释；②合同双方的一般权利和义务，包括代表业主利益进行监督管理的监理人员的权利和职责；③工程施工的进度控制；④工程施工的质量控制；⑤工程施工的费用控制；⑥施工合同的监督与管理；⑦工程施工的信息管理；⑧工程施工的组织与协调；⑨施工安全管理与风险管理等。

在《建设工程施工合同（示范文本）》（GF—99—0201）的词语定义与解释中，对工程师做了专门定义，明确为工程监理单位委派的总监理工程师或发包人指定的履行合同的代表，其具体身份和职权由发包人和承包人在专用条款中约定。工程师可以根据需要委派代表，行使合同中约定的部分权利和职责。

5）进度控制的主要条款内容。

a．合同工期的约定。承发包双方必须在协议书中明确约定工期，包括开工日期和竣工日期。工程竣工验收通过，实际竣工日期为承包人送交竣工验收报告的日期；工程按发包人要求修改后通过验收的，实际竣工日期为承包人修改后提请发包人验收的日期。

b．进度计划。承包人应按合同专用条款约定的时间，将施工组织设计和工程进度计划提交工程师，工程师按专用条款约定的时间予以确认或提出意见。

c．工程对进度计划的检查和监督。开工后，承包人必须按照工程师确认的进度计划组织施工，接受工程师对进度的检查和监督。检查和监督的依据通常为双方已确认的月度进度计划。

工程实际进度与经过确认的进度计划不符时，承包人应按照工程师的要求提出改进措施，经工程师确认后执行。但是，对于因承包人自身的原因导致实际进度与计划进度不符时，承包人自行承担一切后果，承包人无权就改进措施追加合同价款，工程师也不对改进措施的效果负责。

d．暂停施工。

（a）工程师要求的暂停施工。工程师认为确有必要暂停施工时，应当以书面形式要求承包人暂停施工，并提出要求48小时内出具书面处理意见。承包人应按照工程师要求暂停施工，并妥善保护好已完工程。

因发包人原因造成停工的，由发包人承担所发生的追加合同价款，赔偿承包人由此造成的损失，应顺延工期；因承包人原因造成停工的，承包人自行承担费用，工期不顺延。因工程师不及时作出答复，导致承包人无法复工，由发包人承担违约责任。

（b）因发包人违约导致承包人主动暂停施工。当发包人出现某些违约情况时，承包人可以暂停施工，这时发包人应当承担相应的违约责任。

（c）意外事件导致的暂停施工。在施工过程中出现一些意外情况如果需要承包人暂停施工，承包人应该暂停施工，此时工期是否给予顺延，应视风险责任应由谁承担而确定。

e．竣工验收。

（a）承包人提交竣工验收报告。当工程全部完工以后，承包人可按国家工程竣工验收的有关规定，向发包人提供完整的竣工资料和竣工验收报告。

（b）发包人组织验收。发包人应在收到竣工验收报告28天内组织验收，并在验收后14天内给予认可或提出修改意见，承包人进行修改，并承担因自身原因造成修改的费用，中间交工工程的范围和竣工时间，由双方在专用条款中约定。

发包人收到承包人送交的竣工验收报告后28天内不组织验收，或者在组织验收后14天内不提出修改意见，则视为竣工验收报告已经被认可。

6）质量控制的主要条款内容。在施工过程中，承包人要随时接受工程师对材料、设备、中间部位、隐蔽工程和竣工工程等质量的检查、验收与监督。

a．工程质量标准。工程质量标准应按国家规范、合同文件约定的质量标准，若双方对工程质量有争议的，由双方同意的工程质量检测机构鉴定，所需要的费用以及因此造成的损失由责任方承担。

b．检查和返工。承包人应随时配合工程师的检查检验，为检查检验提供便利条件，而工程师的检查检验应不影响施工的正常进行。若影响施工正常进行，检查检验不合格时，影响正常施工的费用由承包人自行承担。除此之外，影响正常施工的追加合同价款由发包人承担，工期顺延。

c．隐蔽工程和中间验收。工程具备隐蔽条件或达到专用条款约定的中间验收部位，承包人先自检，并在隐蔽工程验收前 48 小时以书面形式通知工程师验收。验收合格的，承包人方可进行隐蔽和继续施工；验收不合格的，承包人在限定的时间内修改后重新验收。

d．工程试车。双方约定需要试车的，应当组织试车。试车有单机无负荷试车、联动无负荷试车和投料试车。单机无负荷试车由承包人组织，并在试车前 48 小时以书面形式通知工程师。联动无负荷试车由发包人组织，并在试车前 48 小时以书面形式通知承包人。投料试车应在工程竣工验收后由发包人负责。

e．竣工验收。工程未经竣工验收或竣工验收未通过的，发包人不得使用。发包人强行使用的，发生质量或其他问题由发包人承担责任。

f．质量保修。承包人应在工程竣工验收之前，与发包人签订质量保修书，作为合同附件，主要内容包括工程质量保修范围和内容、质量保修期、质量保修责任和保修金的支付方法等。

g．材料设备供应。

（a）发包人供应的材料设备。发包人应按合同约定提供材料设备，并向承包人提供产品合格证明，对其质量负责。发包人供应的材料设备使用前，由承包人负责检验试验，不合格的不得使用，检验试验费由发包人承担。

（b）承包人采购材料设备。承包人负责采购材料设备时，应提供产品合格证明，并对材料设备质量负责。承包人供应的材料设备使用前，应按照工程师的要求进行检验试验，不合格的不得使用，检验试验费由承包人承担。

7）费用控制的主要条款内容。

a．施工合同价款，约定可采用固定总价、可调总价、固定单价、可调单价及成本加酬金合同等方式。

b．工程预付款，双方应在专用条款内约定发包人向承包人预付工程款的时间和数额，开工后按约定时间和比例逐次扣回。

c．工程进度款，可按月结算、按形象进度分段结算或者竣工后一次性结算。

d．竣工结算，工程竣工验收报告经发包人认可后 28 天内，承包人向发包人递交竣工结算报告及完整结算资料，双方按照协议书约定的合同价款及专用条款约定的合同价款调整内容进行竣工结算。

e．质量保修金，保修期满，承包人履行了保修义务，发包人应在保修期满后 14 天内结算，将剩余保修金和按工程质量保修书约定银行利率计算的利息一起返还承包人。

#### 5.1.4.3　施工专业分包合同的内容

专业工程分包，是指施工总承包单位将其所承包工程中的专业工程发包给具有相应资质的其他建筑企业完成的活动。

（1）专业工程承包单位的资质。专业工程分包资质设 2～3 个等级，60 个资质类别。

（2）专业工程分包合同的主要内容。专业工程分包合同示范文本的结构、主要条款和内容与施工承包合同相似，其特点是既要保持与主合同条件中相关分包工程部分的规定一致，又要区分负责实施分包工程的当事人变更后的两个合同的差异。分包合同所采用的语言文字和适用的法律、行政法规及工程建设标准一般应与主合同相同。

（3）工程承包人（总承包单位）的主要责任和义务。

1）分包人应全面了解总包合同的各项规定。

2）项目经理应按分包合同的约定，及时向分包人提供所需的指令、批准、图纸并履行其他约定的义务。

3）承包人的工作：

a．向分包人提供与分包工程相关的各种证件、批件和各种相关资料，向分包人提供具备施工条件的施工场地。

b．组织分包人参加发包人组织的图纸会审，向发包人进行设计图纸交底。

c．提供合同专用条款中约定的设备和设施，并承担因此发生的费用。

d．随时为分包人提供确保分包工程的施工所要求的施工场地和通道等，满足施工运输的需要，保证施工期间的畅通。

e．负责整个施工现场的管理工作，协调分包人与同一施工场地的其他分包人之间的交叉配合，确保分包人按照施工组织设计进行施工。

（4）专业分包人的主要责任和义务。

1）分包人对有关分包工程的责任。除合同条款有另行约定，分包人应履行并承担总包合同中与分包工程有关的承包人的所有义务与责任，同时应避免因分包人自身行为或疏忽造成承包人违反总包合同中约定的承包人义务的情况发生。

2）分包人与发包人的关系。分包人须服从承包人转发的发包人或工程师与分包工程有关的指令。

3）承包人指令。就分包工程范围内的有关工作，承包人随时可以向分包人发出指令，分包人应执行承包人根据分包合同所发出的所有指令。分包人拒不执行指令，承包人可以委托其他施工单位完成该指令事项，发生的费用从应付给分包人的相应款项中扣除。

4）分包人的工作。

a．按照分包合同的约定，对分包工程进行设计（分包合同有约定时）、施工、竣工和保修。

b．按照合同约定的时间，完成规定的设计内容，报承包人确认后在分包工程中使用。承包人承担由此发生的费用。

c．在合同约定的时间内，向承包人提供年、季、月度工程进度计划及相应进度统计报表。

d．在合同约定的时间内，向承包人提交详细的施工组织设计，承包人应在专用条款约定的时间内批准，分包人方可执行。

e．遵守政府有关主管部门对施工场地交通、施工噪声以及环境保护和安全文明生产等的管理规定，按规定办理有关手续，并以书面形式通知承包人，承包人承担由此发生的费用，因分包人责任造成的罚款除外。

f．分包人应允许承包人、发包人、工程师及其三方中任何一方授权的人员在工作时间内，合理进入分包工程施工场地或材料存放的地点，以及施工场地以外与分包合同有关的分包人的任何工作或准备的地点，分包人应提供方便。

g．已竣工工程未交付承包人之前，分包人应负责已完分包工程的成品保护工作，保护期间内发生损坏，分包人自费予以修复；承包人要求分包人采取特殊措施保护的工程部位和相应的追加合同价款，双方在合同专用条款内约定。

（5）合同价款的支付。

1）实行工程预付款的，双方应在合同专用条款内约定承包人向分包人预付工程款的时间和数额，开工后按约定的时间和比例逐次扣回。

2）承包人应按专用条款约定的时间和方式，向分包人支付工程款（进度款），按约定时间承包人应扣回的预付款，与工程款（进度款）同期结算。

3）分包合同约定的工程变更调整的合同价款、合同价款的调整、索赔的价款或费用以及其他约定的追加合同价款，应与工程进度款同期调整支付。

4）承包人超过约定的支付时间不支付工程款（预付款、进度款），分包人可向承包人发出要求付款的通知，承包人不按分包合同约定支付工程款（预付款、进度款），导致施工无法进行，分包人可停止施工，由承包人承担违约责任。

5)承包人应在收到分包工程竣工结算报告及结算资料后 28 天内支付工程竣工结算价款，在发包人不拖延工程价款的情况下无正当理由不按时支付，从第 29 天起按分包人同期向银行贷款利率支付拖欠工程价款的利息，并承担违约责任。

（6）禁止转包或再分包。

1）分包人不得将其承包的分包工程转包给他人，也不得将其承包的分包工程的全部或部分再分包给他人，否则将被视为违约，并承担违约责任。

2）分包人经承包人同意可以将劳务作业再分包给具有相应劳务分包资质的劳务分包企业。

3）分包人应对再分包的劳务作业的质量等相关事宜进行督促和检查，并承担相关连带责任。

#### 5.1.4.4　施工劳务分包合同的内容

劳务作业分包，是指施工承包单位或者专业分包单位（均可作为劳务作业的发包人）将其承包工程中的劳务作业发包给劳务分包单位（即劳务作业承包人）完成的活动。

（1）劳务分包单位的资质。根据《建筑业企业资质管理规定》等有关规定，劳务分包序列企业资质设 1～2 个等级，13 个资质类别。

（2）承包人的主要义务。

1）组建与工程相适应的项目管理班子，全面履行总（分）包合同，组织实施项目管理各项工作，对工程的工期和质量向发包人负责。

2）完成劳务分包人施工前期的下列工作：①向劳务分包人交付具备劳务作业开工条件的施工场地；②满足劳务作业所需的能源供应、通信及施工道路畅通；③向劳务分包人提供相应的工程资料；④向劳务分包人提供生产、生活临时设施。

3）责编制施工组织设计，统一制定各项管理目标，组织编制年、季、月施工计划、物资需用量计划表等。

4）负责工程测量定位、沉降观测、技术交底，组织图纸会审，统一安排技术档案资料收集整理及交工验收。

5）按时提供图纸，及时交付材料、设备，所提供的施工机设备、周转材料、安全设施应保证施工需要。

6）按合同约定，向劳务分包人支付劳动报酬。

7）负责与发包人、监理、设计及有关部门联系，协调现场工作关系。

（3）劳务分包人的主要义务。

1）对劳务分包范围内的工程质量向承包人负责，组织具有相应资格证书的熟练工人投入工作；未经承包人授权或允许，不得擅自与发包人及有关部门建立工作联系；自觉遵守法律法规及有关规章制度。

2）严格按照设计图纸、施工验收规范、有关技术要求及施工组织设计精心组织施工，确保工程质量达到约定的标准。

3）自觉接受承包人及有关部门的管理、监督和检查；接受承包人随时检查其设备、材料保管、使用情况及其操作人员的有效证件、持证上岗情况；与现场其他单位协调配合，照顾全局。

4）劳务分包人须服从承包人转发的发包人及工程师的指令。

5）除非合同另有约定，劳务分包人应对其作业内容的实施、完工负责，劳务分包人应承担并履行总（分）包合同约定的、与劳务作业有关的所有义务及工作程序。

（4）保险。

1）劳务分包人施工开始前，承包人应获得发包人为施工场地内的自有人员及第三人人员生命财产办理的保险，且不需劳务分包人支付保险费用。

2）运至施工场地用于劳务施工的材料和待安装设备，由承包人办理或获得保险，不需劳务分包人支付保险费用。

3）承包人必须为租赁或提供给劳务分包人使用的施工机械设备办理保险，并支付保险费用。

4）劳务分包人必须为从事危险作业的职工办理意外伤害保险，并为施工场地内自有人员生命财产和施工机械设备办理保险，支付保险费用。

5）保险事故发生时，劳务分包人和承包人有责任采取必要的措施，防止或减少损失。

（5）劳务报酬。

1）劳务报酬有以下几种方式：固定劳务报酬（含管理费）；约定不同工种劳务的计时单价（含管理费），按确认的工时计算；约定不同工作成果的计件单价（含管理费），按确认的工程量计算。

2）劳务报酬，可以采用固定价格或变动价格。采用固定价格，则除合同约定或法律政策变化导致劳务价格变化以外，均为一次包死，不再调整。

3）在合同中可以约定，下列情况下，固定劳务报酬或单价可以调整：①以本合同约定价格为基准，市场人工价格的变化幅度超过一定百分比时，按变化前后价格的差额予以调整；②后续法律及政策变化，导致劳务价格变化的，按变化前后价格的差额予以调整；③双方约定的其他情形。

（6）工时及工程量的确认。

1）采用固定劳务报酬方式的，施工过程中不计算工时和工程量。

2）采用按确定的工时计算劳务报酬的，由劳务分包人每日将提供劳务人数报承包人，由承包人确认。

3）采用按确认的工程量计算劳务报酬的，由劳务分包人按月（或旬、日）将完成的工程量报承包人，由承包人确认。对劳务分包人未经承包人认可，超出设计图纸范围和因劳务分包人原因造成返工的工程量，承包人不予计量。

（7）支付劳务报酬。

1）全部工作完成，经承包人认可后 14 天内，劳务分包人向承包人递交完整的结算资料，双方按照本合同约定的计价方式，进行劳务报酬的最终支付。

2）承包人收到劳务分包人递交的结算资料后 14 天内进行核实，给予确认或者提出修改意见。承包人确认结算资料后 14 天内向劳务分包人支付劳务报酬尾款。

（8）禁止转包或再分包。劳务分包人不得将合同的劳务作业转包或再分包给其他人。

#### 5.1.4.5　项目总承包合同的内容

（1）建设工程项目总承包模式的含义和特点。业主方把建设工程项目的设计任务和施工任务进行综合委托的模式可称为建设工程项目总承包或工程总承包，这是一种新式的建设任务委托模式，称为设计和施工总承包（D＋B，即 Design-Build）。

将建设工程项目的设计任务、物资设备的采购任务和施工任务全部委托给某一个承包商的模式，又称为设计、采购、施工总承包（EPC，即 Engineering-Procurement-Construction）。

（2）合同主要内容。建设工程项目总承包的任务，一般可包括从工程立项到交付使用的工程建设全过程，具体可包括：勘察设计、设备采购、施工、试车或交付使用等内容。

（3）项目总承包单位的义务和责任。

1）承包商进行并负责工程的设计。承包商应使自己、其设计人员和设计分包者具备从事设计所必需的经验与能力。

2）业主自行采购清单所列设备及材料的采购及交运以外的所有工作为总承包工作，所有设备的安装必须达到合同工程技术标准的要求，其费用已包括在总包价格之内。

3）承包商购买材料必须符合工程技术标准及建设实施要求，需要业主确认时提交业主确认。

（4）发包人的义务和权利。

1）负责办理项目的审批、核准或备案手续，取得项目用地的使用权，完成拆迁补偿工作，使项目具备法律规定的开工条件。

2）履行合同中约定的合同价格调整、付款、竣工结算义务。

3）有权根据合同约定及国家法律对安全、质量、标准、环境保护和职业健康等强制性规定，对承包人的设计、采购、施工等实施工作提出建议、修改和变更。

4）有权根据合同约定，对因承包人原因给发包人带来的任何损失和损害，提出赔偿。

5）发包人认为必要时，有权发出书面形式的暂停通知。该类暂停给承包人造成的损失，发包人应予赔偿。

#### 5.1.4.6　工程监理合同的内容

工程监理合同文件一般由工程监理投标书及中标通知书、建设工程委托监理合同协议书、合同标准条件、合同专用条件以及实施过程中双方共同签署的合同补充与修正文件五部分组成。

（1）监理人义务。

1）按照合同约定或监理投标书的承诺派出监理机构及人员，完成监理范围内的监理业务，按合同约定定期向委托人报告监理工作。

2）在履行监理合同义务期间，为委托人提供咨询意见。

3）在合同期内和合同终止后，未征得有关方面同意，不得泄露与监理工程及其监理业务有关的保密资料。

（2）监理人的权利。

1）一般权利。

a．选择工程总承包人的建议权。

b．选择工程分包人的认可权。

c．对工程建设有关事项包括工程规划、设计标准、规划设计、生产工艺设计和使用功能要求，向委托人的建议权。

d．对工程设计中的技术问题，按照安全和优化的原则，向设计人提出建议。

e．审批工程施工组织设计和技术方案，按照保质量、保工期和降低成本的原则，向承包人提出建议。

f．主持工程建设有关协作单位的组织协调，重要协调事项应当事先向委托人报告。

g．征得委托人同意，监理人有权发布开工令、停工令、复工令，但应当事先向委托人报告；如在紧急情况下未能事先报告时，则应当在24小时内向委托人作出书面报告。

h．工程上使用的材料和施工质量的检验权，对于不符合设计要求和合同约定及国家质量标准的材料、构配件、设备，有权通知承包人停止使用。

i．工程施工进度的检查、监督权，以及工程实际竣工日期提前或超过工程施工合同规定的竣工期限的签认权。

j．在工程施工合同约定的工程价格范围内，工程款支付的审核和签认权，以及工程结算的复核确认权和否决权；未经总监理工程师签字确认，委托人不得支付工程款。

2）调解权。在委托监理的工程范围内，委托人或承包人对对方的任何意见和要求，均必须首先提交给监理机构，由监理机构研究处置意见，再同双方协商确定。

#### 5.1.4.7　建筑合同管理的具体内容

（1）根据主要内容划分。

1）对合同履行情况进行监督检查。通过检查，发现问题及时协调解决，提高合同履约率。主要包括下面几点：

a．检查合同法及有关法规贯彻执行情况。

b．检查合同管理办法及有关规定的贯彻执行情况。

c．检查合同签订和履行情况，减少和避免合同纠纷的发生。

2）经常对项目经理及有关人员进行合同法及有关法律知识教育，提高合同管理人员的素质。

3）建立健全工程项目合同管理制度。包括项目合同归口管理制度；考核制度；合同用章管理制度；合同台账、统计及归档制度。

4）对合同履行情况进行统计分析。包括工程合同份数、造价、履约率、纠纷次数、违约原因、变更次数及原因等。通过统计分析手段，发现问题，及时协调解决，提高利用合同进行生产经营的能力。

5）组织和配合有关部门做好有关工程项目合同的鉴证、公证和调解、仲裁及诉讼活动。

（2）根据项目实施的阶段划分。

1）合同订立前的管理。

2）合同订立时的管理。

3）合同履行中的管理。

#### 5.1.4.8　建筑工程项目合同管理应遵循的程序

（1）合同评审。

（2）合同订立。

（3）合同实施计划编制。

（4）合同实施控制。

（5）合同综合评价。

（6）有关知识产权的合法使用。

### 5.1.5　建筑工程项目合同管理制度

为了更好地落实合同管理工作，建筑工程施工企业必须建立完善的项目合同管理制度。建筑工程项目合同管理制度主要包括施工企业内部合同会签制度、合同签订审查批准制度、管理目标制度、印章制度、管理质量责任制度、评估制度、统计考核制度、检查和奖励制度等内容。

#### 5.1.5.1　施工企业内部合同会签制度

由于施工企业的合同涉及施工企业各个部门的管理工作。为了保证合同签订后得以全面履行，在合同未正式签订之前，由办理合同的业务部门会同企业施工、技术、材料、劳动、机械动力和财务等部门共同研究，提出对合同条款的具体意见，进行会签。在施工企业内部实行合同会签制度，有利于调动企业各部门的积极性，发挥各部门管理职能作用，群策群力，集思广益，以保证合同履行的可行性，并促使施工企业各部门之间相互衔接和协调，确保合同的全面及实际履行。

#### 5.1.5.2　合同签订审查批准制度

为了使施工企业的合同签订后合法、有效，必须在签订前履行审查、批准手续。审查是指将准备签订的合同在部门之间会签后，送给企业主管合同的机构或法律顾问进行审查；批准是由企业主管或法定代表人签署意见，同意对外正式签订合同。通过严格的审查批准手续，可以使合同的签订建立在可靠的基础上，尽量防止合同纠纷的发生，以维护企业的合法权益。

#### 5.1.5.3　管理目标制度

合同管理目标制是各项合同管理活动应达到的预期结果和最终目的。合同管理的目的是施工企业通过自身在合同的订立和履行过程中进行的计划、组织、指挥、监督和协调等工作，促使企业内部各部门、各环节互相衔接、密切配合，进而使人、财、物各要素得到合理组织和充分利用，保证企业经营管理活动的顺利进行，提高工程管理水平，增强市场竞争能力，从而达到高质量、高效益，满足社会需要，更好地为发展和完善建筑业市场经济服务。

#### 5.1.5.4　印章制度

施工企业合同专用章是代表企业在经营活动中对外行使权力、承担义务、签订合同的凭证。因此，企业对合同专用章的登记、保管、使用等都要有严格的规定。合同专用章应由合同管理员保管、签印，并实行专章专用。合同专用章只能在规定的业务范围内使用，不能超越范围使用；不准为空白合同文本加盖合同印章；不得为未经审查批准的合同文本加盖合同印章；严禁与合同洽谈人员勾结，利用合同专用章谋取个人私利。出现上述情况，要追究合同专用章管理人员的责任。凡外出签订合同时，应由合同专用章管理人员携章陪同负责办理签约的人员一起前往签约。

#### 5.1.5.5 管理质量责任制度

管理质量责任制度是施工企业的一项基本管理制度。它具体规定企业内部具有合同管理任务的部门和合同管理人员的工作范围，履行合同中应负的责任，以及拥有的职权。这一制度有利于企业内部合同管理工作分工协作，责任明确，任务落实，逐级负责，人人负责，从而调动企业合同管理人员以及合同履行中涉及的有关人员的积极性，促进施工企业合同管理工作正常开展，保证合同圆满完成。

建筑工程施工企业应当建立完善的合同管理质量责任制度，确保人员、部门、制度三落实，一方面把合同管理的质量责任落实到人，让合同管理部门的主管人员和合同管理员的工作质量与奖惩挂钩，以引起具体人员的真正重视；另一方面把合同签约、履约实绩考评落实到人，按类分派不同合同管理员全过程负责不同的合同的签约和履约，以便及时发现问题、解决问题。

#### 5.1.5.6 评估制度

合同管理制度是合同管理活动及其运行过程的行为规范，合同管理制度是否健全是合同管理能否奏效的关键所在。因此，建立一套有效的合同管理评估制度是十分必要的。

合同管理评估制度的主要特点有：第一，合法性，指合同管理制度符合国家有关法律、法规的规定；第二，规范性，指合同管理制度具有规范合同行为的作用，对合同管理行为进行评价、指导、预测，对合法行为进行保护奖励，对违法行为进行预防、警示或制裁等；第三，实用性，合同管理制度能适应合同管理的需求，以便于操作和实施；第四，系统性，指各类合同的管理制度是一个有机结合体，互相制约、互相协调，在工程建设合同管理中，能够发挥整体效应的作用；第五，科学性，指合同管理制度能够正确反映合同管理的客观经济规律，能保证人们利用客观规律进行有效的合同管理。

#### 5.1.5.7 统计考核制度

合同统计考核制度是施工企业整个统计报表制度的重要组成部分。完善的合同统计考核制度，是运用科学的方法，利用统计数字，反馈合同订立和履行情况，通过对统计数字的分析，总结经验，找出教训，为企业经营决策提供重要依据。施工企业合同考核制度包括统计范围、计算方法、报表格式、填报规定、报送期限和部门等。施工企业一般是对中标率、合同谈判成功率、合同签约率（即实行合同面）和合同履约率进行统计考核。

#### 5.1.5.8 检查和奖励制度

发现和解决合同履行中的问题，协调企业各部门履行合同中的关系，施工企业应建立合同签订、履行的监督检查制度。通过检查及时发现合同履行管理中的薄弱环节和矛盾，以利于提出改进意见，促进企业各部门不断改进合同履行管理工作，提高企业的经营管理水平。通过定期的检查和考核，对合同履行管理工作完成好的部门和人员给予表扬鼓励；对成绩突出并有重大贡献的人员，给予物质奖励。对于工作差、不负责任的或经常“扯皮”的部门和人员要给以批评教育；对玩忽职守、严重渎职或有违法行为的人员要给予行政处分、经济制裁，情节严重触及刑律的要追究刑事责任。实行奖惩制度有利于增强企业各部门和有关人员履行合同的责任心，是保证全面履行合同的极其有力的措施。

# 任务 5.2　建设工程项目合同评审

合同评审应在合同签订之前进行，主要是对招标文件和合同条件进行的审查认定、评价。通过合同评审，可以发现合同中存在的内容含糊、概念不清之处或自己未能完全理解的条款，并加以仔细研究，认真分析，采取相应的措施，以减少合同中的风险，减少合同谈判和签订中的失误，有利于合同双方合作愉快，促进建筑工程项目施工的顺利进行。

【引例】

上海某著名建设集团公司通过公开招标承建了湖南长沙一家韩资企业厂房工程，双方签订了固定总价合同，工程总价 6000 余万元。在履行合同过程中，钢材大幅涨价，工程所在地长沙的钢材上涨幅度达 30%～50%，因钢材大幅度涨价造成的损失高达 400 多万元。承包商上海公司认为此种涨价是投标人投标时所无法预见的，发包商应当按实补偿。而业主湖南公司认为合同为“固定总价”，材料涨价是承包商应当承担的商业风险，不同意以此为由调整价款。承包人对风险源的估计不够准确，致使此次承包工程亏损。

【思考】

（1）什么是工程合同风险？

（2）工程合同风险产生的原因？

（3）工程合同风险管理的流程有哪些？

## 5.2.1　招标文件分析

### 5.2.1.1　招标文件的作用及组成

招标文件是整个建筑工程项目招标过程所遵循的基础性文件，是投标和评标的基础，也是合同的重要组成部分。一般情况下，招标人与投标人之间不进行或进行有限的面对面交流，投标人只能根据招标文件的要求编写投标文件，因此，招标文件是联系、沟通招标人与投标人的桥梁。能否编制出完整、严谨的招标文件，直接影响到招标的质量，也是招标成败的关键。

（1）招标文件的作用。招标文件的作用主要表现在以下三方面：

1）招标文件是投标人准备投标文件和参加投标的依据。

2）招标文件是招标投标活动当事人的行为准则和评标的重要依据。

3）招标文件是招标人和投标人签订合同的基础。

（2）招标文件的组成。招标文件的内容大致分为以下三类：

1）关于编写和提交投标文件的规定。载入这些内容的目的是尽量减少承包商或供应商由于不明确如何编写投标文件而处于不利地位或其投标遭到拒绝的可能。

2）关于对投标人资格审查的标准及投标文件的评审标准和方法。这是为了提高招标过程的透明度和公平性，所以非常重要，也是不可缺少的。

3）关于合同的主要条款。其中主要是商务性条款，有利于投标人了解中标后签订合同的主要内容，明确双方的权利和义务。其中，技术要求、投标报价要求和主要合同条款等内容是招标文件的关键内容，统称实质性要求。

（3）建设部在〔2002〕256 号文《房屋建筑和市政基础设施工程施工招标文件范本》中推荐使用的招标文件示范文本包括以下几个方面的内容：

第一章 投标须知及投标须知前附表。

第二章 合同条款。

第三章 合同文件格式。

第四章 工程建设标准。

第五章 图纸。

第六章 工程量清单。

第七章 投标文件投标函部分格式。

第八章 投标文件商务部分格式。

第九章 投标文件技术部分格式。

第十章 资格审查申请书格式。

#### 5.2.1.2 招标文件分析的内容

承包商在建筑工程项目招标过程中，得到招标文件后，通常首先进行总体检查，重点是招标文件的完备性。一般要对照招标文件目录检查文件是否齐全，是否有缺页，对照图纸目录检查图纸是否齐全。然后分三部分进行全面分析：

（1）招标条件分析。分析的对象是投标人须知，通过分析不仅要掌握招标过程、评标的规则和各项要求，对投标报价工作作出具体安排，而且要了解投标风险，以确定投标策略。

（2）工程技术文件分析。主要是进行图纸会审，工程量复核，图纸和规范中的问题分析，从中了解承包商具体的工程范围、技术要求、质量标准。在此基础上进行施工组织，确定劳动力的安排，进行材料、设备的分析，制订实施方案，进行报价。

（3）合同文本分析。合同文本分析是一项综合性的、复杂的、技术性很强的工作，分析的对象主要是合同协议书和合同条件。它要求合同管理者必须熟悉与合同相关的法律、法规，精通合同条款，对工程环境有全面的了解，有合同管理的实际工作经验。

合同文本分析主要包括以下五个方面的内容：

1）承包合同的合法性分析。

2）承包合同的完备性分析。

3）承包合同双方责任和权益及其关系分析。

4）承包合同条件之间的联系分析。

5）承包合同实施的后果分析。

### 5.2.2 合同合法性审查

合同合法性是指合同依法成立所具有的约束力。对建筑工程项目合同合法性的审查，基本上从合同主体、形式、内容以及合同订立程序是否合法等方面进行考虑。

合同审查的思路：合同成立—合同效力—合同终止—合同法律后果。这四个审查的步骤就是一个不断发问和回答的过程，每一部分都有好多细小的问题需要解决。

实践中，构成合同无效的情况众多，需要有一定的法律知识方能判别。所以，建议承发包双方将合同审查落实到合同管理机构和专门人员，每一项目的合同文本均须经过经办人员、部门负责人、法律顾问及总经理几道审查，批注具体意见，必要时还应听取财务人员的意见，以期尽量完善合同，确保在谈判时确定己方利益能够得到最大保护。

### 5.2.3　合同条款完备性审查

根据《中华人民共和国合同法》规定，合同应包括合同当事人、合同标的、标的的数量和质量、合同价款或酬金、履行期限、地点和方式、违约责任和解决争议的方法。一份完整的合同应包括上述所有条款。由于建设工程的工程活动多，涉及面广，合同履行中不确定性因素多，从而给合同履行带来很大风险。如果合同不够完备，就可能会给当事人造成重大损失。因此，必须对合同的完备性进行审查。尤其应注意以下内容：

（1）确定合理的工期。工期过长，不利于发包方及时收回投资；工期过短，则不利于承包方对工程质量以及施工过程中建筑半成品的养护。因此，对承包方而言，应当合理计算自己能否在发包方要求的工期内完成承包任务，否则应当按照合同约定承担逾期竣工的违约责任。

（2）明确双方代表的权限。在施工承包合同中通常都明确甲方代表和乙方代表的姓名和职务，但对其作为代表的权限则往往规定不明。由于代表的行为代表了合同双方的行为，因此，有必要对其权利范围以及权利限制作一定约定。

（3）明确工程造价或工程造价的计算方法。工程造价条款是工程施工合同的必备和关键条款，但通常会发生约定不明的情况，往往为日后争议与纠纷的发生埋下隐患。而处理这类纠纷，法院或仲裁机构一般委托有权审价单位鉴定造价，这势必使当事人陷入旷日持久的诉讼，更何况经审价得出的造价也因缺少可靠的计算依据而缺乏准确性，对维护当事人的合法权益极为不利。

（4）明确材料和设备的供应。由于材料、设备的采购和供应引发的纠纷非常多，故必须在合同中明确约定相关条款，包括发包方或承包商所供应或采购的材料、设备的名称、型号、规格、数量、单价、质量要求、运送到达工地的时间、验收标准、运输费用的承担、保管责任、违约责任等。

（5）明确工程竣工交付的标准。应当明确约定工程竣工交付的标准。如发包方需要提前竣工，而承包商表示同意的，则应约定由发包方另行支付赶工费用或奖励。因为赶工意味着承包商将投入更多的人力、物力、财力，劳动强度增大，损耗亦增加。

（6）明确违约责任。违约责任条款订立的目的在于促使合同双方严格履行合同义务，防止违约行为的发生。发包方拖欠工程款、承包方不能保证施工质量或不按期竣工，均会给对方以及第三方带来不可估量的损失。审查违约责任条款时，要注意以下两点：

1）对违约责任的约定不应笼统化，而应区分情况作相应约定。有的合同不论违约具体情况，笼统地约定一笔违约金，这没有与因违约造成的真正损失额挂钩，从而会导致违约金过高或过低的情形，是不妥当的。应当针对不同的情形作不同的约定，如质量不符合合同约定标准应当承担的责任、因工程返修造成工期延长的责任、逾期支付工程款所应承担的责任等，衡量标准均不同。

2）对双方违约责任的约定是否全面。在建筑工程施工合同中，双方的义务繁多，有的合同仅对主要的违约情况作了违约责任的约定，而忽视了违反其他非主要义务所应承担的违约责任。但实际上，违反这些义务极可能影响整个合同的履行。

### 5.2.4　合同风险评价

建筑工程项目承包合同中一般都有风险条款和一些明显的或隐含的对承包商不利的条

款，它们会造成承包商的损失，因此是进行合同风险分析的重点。

#### 5.2.4.1 合同风险的特征

合同风险是指合同中的不确定性，它有两个特征：

（1）合同风险事件可能发生也可能不发生，但一经发生就会给承包商带来损失；风险的对立面是机会，它会带来收益。

在一个具体的环境中，双方签订一个内容确定的合同，实施一个规模和技术要求确定的工程，则工程风险有一定的范围，它的发生和影响有一定的规律性。

（2）合同风险是相对的，可以通过合同条文定义风险及其承担者。在工程中，如果风险成为现实，则承担者主要负责风险控制，并承担相应的损失责任。所以，对风险的定义属于双方责任划分问题，不同的表达，有不同的风险和不同的风险承担者。

#### 5.2.4.2 合同风险的类型

（1）合同中明确规定的承包商应承担的风险。承包商的合同风险首先与所签订的合同的类型有关。如果签订的是固定总价合同，则承包商承担全部物价和工作量变化的风险；而对成本加酬金合同，承包商则不承担任何风险；对常见的单价合同，风险则由双方共同承担。

此外，在建筑工程承包合同中一般都应有明确规定承包商应承担的风险的条款，常见的有：

1）工程变更的补偿范围和补偿条件。例如某合同规定，工程量变更在5%的范围内承包商得不到任何补偿。那么，在这个范围内工程量可能的增加就是承包商的风险。

2）合同价格的调整条件。如对通货膨胀、汇率变化、税收增加等，合同规定不予调整，则承包商必须承担全部风险；如果在一定范围内可以调整，则承担部分风险。

3）工程范围不确定，特别是固定总价合同。例如，某固定总价合同规定："承包商的工程范围包括工程量表中所列的各个分项，以及在工程量表中没有包括的，但为工程安全、经济、高效率运行所必需的附加工程和供应。"由于工程范围不确定、做标时设计图纸不完备，承包商无法精确计算工程量。而在该工程中，这方面的风险很容易给承包商造成严重损失。

4）业主和工程师对设计、施工、材料供应的认可权和各种检查权。在国际工程中合同条件常赋予业主和工程师对承包商工程和工作的认可权和各种检查权。

5）其他形式的风险型条款，如索赔有效期限制等。

（2）合同条文不全面、不完整导致承包商损失的风险。合同条文不全面、不完整，没有将合同双方的责权利关系全面表达清楚，没有预计到合同实施过程中可能发生的各种情况，引起合同实施过程中的激烈争执，最终导致承包商的损失。例如：

1）缺少工期拖延违约金最高限额的条款或限额太高；缺少工期提前的奖励条款；缺少业主拖欠工程款的处罚条款。

2）对工程量变更、通货膨胀、汇率变化等引起的合同价格的调整没有具体规定调整方法、计算公式、计算基础等；对材料价差的调整没有具体说明是否对所有的材料，是否对所有相关费用（包括基价、运输费、税收、采购保管费等）作调整，以及价差的支付时间等。

3）合同中缺少对承包商权益的保护条款，如在工程受到外界干扰情况下的工期和费用的索赔权等。

4）在某国际工程施工合同中遗漏工程价款的外汇额度条款，结果承包商无法获得已商定的外汇款额。

5）由于没有具体规定，如果发生以上这些情况，业主完全可以以“合同中没有明确规定”为理由，推卸自己的合同责任，使承包商蒙受损失。

（3）合同条文不清楚、不细致、不严密导致承包商蒙受损失的风险。合同条文不清楚、不细致、不严密，承包商不能清楚地理解合同内容，造成失误。这可能是由招标文件的语言表达方式、表达能力，承包商的外语水平，专业理解能力或工作不细致，以及做标期太短等原因所致。例如：

1）在某些工程承包合同中有如下条款：“承包商为施工方便而设置的任何设施，均由他自己付款”。这种提法对承包商很不利，在工程过程中业主对承包商在施工中需要使用的某些永久性设施会以“施工方便”为借口而拒绝支付。

2）合同中对一些问题不作具体规定。

3）业主要求承包商提供业主的现场管理人员（包括监理工程师）的办公和生活设施，但又没有明确列出提供的具体内容和水准，承包商无法准确报价。

4）对业主供应的材料和生产设备，合同中未明确规定详细的送达地点，没有“必须送施工和安装现场”的规定。这样很容易就场内运输，甚至场外运输责任引起争执。

5）某合同中对付款条款规定：“工程款根据工程进度和合同价格，按照当月完成的工程量支付。乙方在月底提交当月工程款账单，在经过业主上级主管审批后，业主在15天内支付”。由于没有业主上级主管的审批时间限定，所以在该工程中，业主上级利用拖延审批的办法大量拖欠工程款，而承包商无法对业主进行约束。

（4）发包商提出单方面约束性的、责权利不平衡合同条款的风险。发包商为了转嫁风险提出单方面约束性的、过于苛刻的、责权利不平衡的合同条款。

例如：

1）业主对任何潜在的问题，如工期拖延、施工缺陷、付款不及时等所引起的损失不负责。

2）业主对招标文件中所提供的地质资料、试验数据、工程环境资料的准确性不负责。

3）业主对工程实施中发生的不可预见风险不负责。

4）业主对由于第三方干扰造成的工期拖延不负责等。

这样就将许多属于业主责任的风险推给了承包商。这类风险型条款在分包合同中也特别明显。

例如：

1）某分包合同规定：“总承包商同意在分包商完成工程，经监理工程师签发证书并在业主支付总承包商该项工程款后×天内，向分包商付款”。这样，如果总承包商其他方面工程出现问题，业主拒绝付款，则分包商尽管按分包合同完成工程，也仍得不到相应的工程款。

2）某分包合同规定：“对总承包商因管理失误造成的违约责任，仅当这种违约造成分包商人员和物品的损害时，总承包商才给分包商以赔偿，而其他情况不予赔偿”。这样总承包商管理失误造成分包商成本和费用的增加就不在赔偿范围之内。

（5）其他对承包商要求苛刻条款的风险。其他对承包商苛刻的要求，如要承包商大量垫资承包，工期要求太紧，超过常规，过于苛刻的质量要求等。

#### 5.2.4.3 合同风险分析的影响因素

合同风险分析的准确程度、详细程度和全面性，主要受以下几个方面因素的影响：

（1）承包商对环境状况的了解程度。要精确地分析风险必须作详细的环境调查，需用大量的第一手资料。

（2）招标文件的完备程度和承包商对招标文件分析的全面程度、详细程度和正确性。

（3）对引起风险的各种因素的合理预测及预测的准确性。

（4）做标时间的长短。

#### 5.2.4.4 合同风险的防范

合同风险的防范应从递交投标文件、合同谈判阶段开始，到工程实施完成合同为止。

## 任务 5.3 建设工程项目合同实施控制

在工程实施的过程中要对合同的履行情况进行跟踪与控制，并加强工程变更管理，保证合同的顺利履行。

【引例】

×××信息有限公司：

我司对于能够承建贵司×××科技广场项目深表荣幸，并对贵司在此项目上给予的支持和帮助表示感谢！然我司自××××年××月进场以来，因诸多因素导致工程成本大幅度增加、进度延误，主要包括：

一、市场及政策因素对劳务费影响

二、进场时间影响

三、图纸影响

四、重大设计变更（新增钢结构）影响

五、政策对货运影响

上述各因素对工程成本及进度的影响，是双方均在前期投标及签约阶段无法预计到的，也是我司无法承受的。现我司将该部分费用计入合同总价后重新拟定了工程量清单，工程量清单附后。

为了按质量按工期按进度完成任务，我司将一如既往地以饱满的热情投入到工程施工中，同时也请贵司给予更大的支持，对我司提出的费用补偿予以认可。

×××工程有限责任公司

【思考】

（1）发包人可以向承包人索赔吗？

（2）按索赔目的和要求分类，索赔可以分为哪几类？

（3）哪些材料可以作为索赔的证据？

### 5.3.1 项目合同交底

合同和合同分析的资料是工程实施管理的依据。合同分析后，应向各层次管理者作“合同交底”，即由合同管理人员在对合同的主要内容进行分析、解释和说明的基础上，通过组织项目管理人员和各个工程小组学习合同条文和合同总体分析结果，使大家熟悉合同中的主要内容、各种规定、管理程序，了解承包商的合同责任和工程范围、各种行为的法律后果等，使大家都树立全局观念，避免在执行中出现违约行为。同时使大家的工作协调一致，保障合同任务得到更好的实施。

合同交底的目的和任务如下：

（1）对合同的主要内容达成一致理解。

（2）将各种合同事件的责任分解落实到各工程小组或分包人。

（3）将工程项目和任务分解，明确其质量和技术要求以及实施的注意要点。

（4）明确各项工作或各个工程的工期要求。

（5）明确成本目标和消耗标准。

（6）明确相关事件之间的逻辑关系。

（7）明确各个工程小组（分包人）之间的责任界限。

（8）明确完不成任务的影响和法律后果。

（9）明确合同有关方的责任和义务。

### 5.3.2 项目合同跟踪与诊断

#### 5.3.2.1 施工合同跟踪

签订合同以后，合同中各项任务的执行要落实到具体项目经理或具体的项目参与人员身上，承包单位作为履行合同义务的主体，必须对合同执行者的履行情况进行跟踪、监督和控制，确保合同义务的完全履行。

施工合同跟踪有两个方面的含义。一是承包单位的合同管理职能部门对合同执行者的履行情况进行跟踪、监督和检查；二是合同执行者本身对合同计划的执行情况进行跟踪、检查与对比。在合同实施过程中二者缺一不可。

对建筑工程项目合同实施情况进行跟踪时，主要应掌握以下几个方面：

（1）合同跟踪的依据。合同以及依据合同而编制的各种计划文件；实际工程文件，如原始记录、报表、验收报告等；管理人员在现场的巡视、交谈、质量检查等。

（2）合同跟踪的对象。

1）承包的任务。

a. 工程施工质量以及安装质量，如标高、位置、安装精度、材料质量是否符合合同要求，安装过程中设备有无损坏。

b. 工程数量，如是否按合同要求完成全部施工任务，有无合同规定以外的施工任务，有无其他附加工程。

c. 工程进度，是否在预定期限内施工，工期有无延长，延长的原因是什么等。

d. 成本的增加和减少。

2）工程小组或分包商的工程和工作。一个工程小组或分包商可能承担许多专业相同、工艺相近的分项工程或许多合同事件，所以必须对其实施的总情况进行检查分析。

作为分包合同的发包商，总承包商必须对分包合同的实施进行有效的控制，这是总承包商合同管理的重要任务之一。分包合同控制的目的如下：

a. 控制分包商的工作，严格监督他们按分包合同完成工程责任。分包合同是总承包合同的一部分，如果分包商完不成他的合同责任，则总承包商就不能顺利完成总包合同责任。

b. 为向分包商索赔和对分包商反索赔做准备。总包和分包之间利益是不一致的，双方之间常常有尖锐的利益争执。在合同实施中，双方都在进行合同管理，都在寻求向对方索赔的机会，所以双方都有索赔和反索赔的任务。

c．对分包商的工程和工作，总承包商负有协调和管理的责任，并承担由此造成的损失。所以分包商的工程和工作必须纳入总承包工程的计划和控制中，防止因分包商工程管理失误而影响全局。

3）业主和工程师的工作。

a．业主是否及时提供各种工程实施条件，如图纸、提供场地、资料等。

b．业主和工程师是否及时给予指令、答复和确认等。

c．业主是否及时并足额地支付了应付的工程款项。

#### 5.3.2.2　合同偏差分析

在合同实施跟踪的基础上，对合同实施偏差情况的分析。合同实施偏差的分析，主要是评价合同实施情况及其偏差，预测偏差的影响及发展的趋势，并分析偏差产生的原因，以便对该偏差采取调整措施。

（1）产生偏差的原因分析。通过对不同监督和跟踪对象的计划和实际的对比分析，不仅可以得到差异，而且可以探索引起这个差异的原因。原因分析可以采用鱼刺图，因果关系分析图，成本量差、价差分析等方法定性地或定量地进行。

（2）合同实施偏差的责任分析。即这些原因由谁引起，该由谁承担责任，这常常是索赔的理由。一般只要原因分析详细，有根有据，责任自然清楚。责任分析必须以合同为依据，按合同规定落实双方的责任。

（3）合同实施趋向预测。分别考虑在不采取调控措施和采取调控措施以及采取不同的调控措施情况下，合同的最终执行结果趋势如何：

1）最终的工程状况，包括总工期的延误，总成本的超支，质量标准，所能达到的生产能力（或功能要求）等。

2）承包商将承担什么样的后果，如被罚款，被清算，甚至被起诉，对承包商资信、企业形象、经营战略造成的影响等。

3）最终工程经济效益（利润）水平。

#### 5.3.2.3　合同实施偏差的处理措施

根据合同实施偏差分析的结果，承包商应采取相应的调整措施，调整措施有如下四类：

（1）组织措施，例如增加人员投入，重新计划或调整计划，派遣得力的管理人员。

（2）技术措施，例如变更技术方案，采用新的更高效率的施工方案。

（3）经济措施，例如增加投入，对工作人员进行经济激励等。

（4）合同措施，例如进行合同变更，签订新的附加协议、备忘录，通过索赔解决费用超支问题等。

### 5.3.3　工程变更管理

工程变更一般是指在工程施工过程中，根据合同约定对施工的程序、工程的内容、数量、质量要求及标准等作出的变更。

#### 5.3.3.1　变更的起因

（1）业主有新的意图，对建筑有新的要求，要修改项目总计划，削减预算，发包人要求变化。

（2）由于设计人员、工程师、承包商事先没能很好地理解业主的意图，或设计的错误，导致的图纸修改。

（3）工程环境的变化，预定的工程条件不准确，必须改变原设计、实施方案或实施计划。

（4）由于产生新的技术和知识，有必要改变原设计、实施方案或实施计划。

（5）政府部门对工程有新的要求，如国家计划变化、环境保护要求、城市规划变动等。

（6）由于合同实施出现问题，必须调整合同目标或修改合同条款。

#### 5.3.3.2 工程变更的范围

根据 FIDIC 施工合同条件，工程变更的内容可能包括以下几个方面：

（1）改变合同中所包括的任何工作的数量。

（2）改变任何工作的质量和性质。

（3）改变工程任何部分的标高、基线、位置和尺寸。

（4）删减任何工作，但要交他人实施的工作除外。

（5）任何永久工程需要的任何附加工作、工程设备、材料或服务。

（6）改动工程的施工顺序或时间安排。

根据我国施工合同示范文本，工程变更包括设计变更和工程质量标准等其他实质性内容的变更，其中设计变更包括：

（1）更改工程有关部分的标高、基线、位置和尺寸。

（2）增减合同中约定的工程量。

（3）改变有关工程的施工时间和顺序。

（4）其他有关工程变更需要的附加工作。

#### 5.3.3.3 工程变更的程序

（1）工程变更的提出。

1）承包商提出工程变更。

2）业主方提出工程变更。

3）设计方提出工程变更。

（2）工程变更的批准。由承包商提出的工程变更，应交与工程师审查并批准；由设计方提出工程变更应与业主方协商或经业主审查并批准；由业主方提出的工程变更、设计修改的应该与设计单位协商，一般由工程师代为发出。

而工程师发出合同变更通知的权力，一般由工程施工合同明确约定。

（3）工程变更指令的发出及执行。为了避免耽误工作，工程师在和承包商就变更价格和工期补偿达成一致意见之前，有必要先行发布变更指示，先执行工程变更工作，然后再就变更价格和工期补偿进行协商和确定。

合同变更指示的发出有两种形式：

1）书面形式。一般情况要求工程师签发书面变更通知令。当工程师书面通知承包商工程变更时，承包商才执行变更的工程。

2）口头形式。根据通常的工程惯例，除非工程师明显超越合同赋予其的权限，承包商应该无条件地执行其合同变更的指示。如果工程师根据合同约定发布了进行合同变更的书面指令，则不论承包商对此是否有异议，不论合同变更的价款是否已经确定，也不论监理方或发包人答应给予付款的金额是否令承包商满意，承包商都必须无条件地执行此种指令。即使承包商有意见，也只能是一边进行变更工作，一边根据合同规定寻求索赔或仲裁解决。在争议处理期间，承包商有义务继续进行正常的工程施工和有争议的变更工程施工，否则可能会构成承包商违约。

#### 5.3.3.4 工程变更责任分析与补偿要求

根据工程变更的具体情况可以分析确定工程变更的责任和费用补偿。

（1）由于业主的要求、政府部门要求、环境变化、不可抗力、原设计错误等导致的设计修改，应由业主承担责任。由以上原因造成的施工方案的变更以及工期的延长和费用的增加应该向业主索赔。

（2）由于承包人的施工过程、施工方案出现错误、疏忽而导致设计的修改，应该由承包人承担责任。

（3）施工方案变更要经过工程师的批准，不论这种变更是否会给业主带来好处。

由于承包人的施工过程、施工方案本身的缺陷而导致了施工方案的变更，由此所引起的费用增加和工期延长应该由承包人承担责任。

### 5.3.4 项目索赔管理

#### 5.3.4.1 索赔

索赔是当事人在合同实施过程中，根据法律、合同规定及惯例，因非己方的过错而造成的实际损失，向责任方提出给予补偿要求。索赔事件的发生，可以是一定行为造成的，也可以是由不可抗力引起的；可以是合同当事人一方引起的，也可以是由任何第三方行为引起的。索赔的性质属于经济补偿行为，而不是惩罚。在工程建设的各个阶段，都有发生索赔的可能性，但在施工阶段索赔发生最多。

#### 5.3.4.2 索赔的双面性：索赔与反索赔

承包商可以向业主提出，业主也可以向承包商提出索赔。承包商向业主提出索赔称为索赔，业主向承包商提出索赔称为反索赔。一般来说业主在向承包商提出索赔的过程中占有主动地位，可以直接从应付给承包商的工程款中扣抵，因此，我们平时所说的索赔都是指承包商向业主提出的索赔。

#### 5.3.4.3 索赔的分类

（1）按涉及当事双方分类。

1）承包人与业主（发包人）之间的索赔。

2）承包人与分包人之间的索赔。

3）承包人或发包人与供应人之间的索赔。

4）承包人或发包人与保险人之间的索赔。

（2）按索赔目的和要求分类。

1）工期索赔，一般指承包人向业主或分包人向承包人要求延长工期。

2）费用索赔，即要求补偿经济损失，调整合同价格。

（3）承包人向业主的索赔。在建设工程实践中，比较多的是承包人向业主提出索赔。常见的索赔如下：

1）因合同文件引起的索赔。

a．有关合同文件的组成问题引起的索赔。

b．关于合同文件有效性引起的索赔。

c．因图纸或工程量表中的错误而引起的索赔。

2）有关工程施工的索赔。

a．地质条件变化引起的索赔。

b．工程中人为障碍引起的索赔。

c．增减工程量引起的索赔。

d．各种额外的试验和检查费用的偿付。

e．工程质量要求的变更引起的索赔。

f．指定分包商违约或延误造成的索赔。

g．其他有关施工的索赔。

3）关于价款方面的索赔。

a．关于价格调整方面的索赔。

b．关于货币贬值和严重经济失调导致的索赔。

c．拖延支付工程款的索赔。

4）关于工期的索赔。

a．关于延长工期的索赔。

b．由于延误产生损失的索赔。

c．赶工费用的索赔。

5）特殊风险和人力不可抗拒灾害的索赔。

6）工程暂停、终止合同的索赔。

a．施工过程中，工程师有权下令暂停全部或任何部分工程，只要这种暂停命令并非承包人违约或其他意外风险造成的，承包人不仅可以得到要求工期延长的权利，而且可以就其停工损失获得合理的额外费用补偿。

b．终止合同和暂停工程的意义是不同的。有些是由于意外风险造成的损害十分严重而终止合同，也有些是由“错误”引起的合同终止。

7）财务费用补偿的索赔。财务费用的损失要求补偿，是指因各种原因使承包人财务开支增大而导致的贷款利息等财务费用。

（4）业主向承包人的索赔。在承包人未按合同要求实施工程时，除了工程师可向承包商发出批评或警告，要求承包商及时改正外，在许多情况下，工程师可以代表业主根据合同向承包商提出索赔。

1）索赔费用和利润。承包商未按合同要求实施工程，发生下列损害业主权益或违约的情况时，业主可索赔费用或利润：

a．工程进度太慢，要求承包商赶工时，可索赔工程师的加班费。

b．合同工期已到而工程仍未完工，可索赔误期赔偿费。

c．质量不满足合同要求，如不按工程师指令拆除不合格工程和材料，不进行返工或不按照工程师的指示在缺陷责任期内修复缺陷，则业主可找另一家公司完成此类工作，并向承包商索赔成本及利润。

d．质量不满足合同要求，工程被拒绝接收，在承包商自费修复后，业主可索赔重新检验费。

e．未按合同要求办理保险，业主可前去办理并扣除或索赔相应费用。

f．由于合同变更或其他原因造成工程施工的性质、范围或进度计划等方面发生变化，承包商未按合同要求去及时办理保险，由此造成的损失或损害可向承包商索赔。

g．未按合同要求采取合理措施，造成运输道路、桥梁等的破坏。

h．无故不向分包商付款。

i．严重违背合同（如进度、质量经常不合格），工程师一再警告而没有明显改进时，业主可没收履约保函。

2）索赔工期。FIDIC合同条件规定，当承包商的工程质量不能满足要求，即某项缺陷或损害使工程、区段或某项主要生产设备不能按原定目的使用时，业主有权延长工程或某一区段的缺陷通知期。

#### 5.3.4.4 索赔成立的条件

（1）索赔的成立的前提条件。

1）与合同对照，事件已造成了承包人工程项目成本的额外支出，或直接工期损失。

2）造成费用增加或工期损失的原因，按合同约定不属于承包人的行为责任或风险责任。

3）承包人按合同规定的程序和时间提交索赔意向通知和索赔报告。

以上三个条件必须同时具备，缺一不可。

（2）构成施工项目索赔条件的事件。

1）发包人违反合同给承包人造成时间、费用的损失。

2）因工程变更造成的时间、费用损失。

3）由于监理工程师对合同文件的歧义解释、技术资料不确切，或由于不可抗力导致施工条件的改变，造成了时间、费用的增加。

4）发包人提出提前完成项目或缩短工期而造成承包人的费用增加。

5）发包人延误支付期限造成承包人的损失。

6）合同规定以外的项目进行检验，且检验合格，或非承包人的原因导致项目缺陷的修复所发生的损失或费用。

7）非承包人的原因导致工程暂时停工。

8）物价上涨，法规变化及其他。

#### 5.3.4.5 索赔的依据

索赔的依据主要是三个方面：合同文件；法律、法规；工程建设惯例。

合同文件是索赔的最主要依据，包括：合同协议书；中标通知书；投标书及其附件；合同专用条款；合同通用条款；标准、规范及有关技术文件；图纸；工程量清单；工程报价单或预算书；合同履行中，发包人与承包人有关工程的洽商、变更等书面协议或文件。

#### 5.3.4.6 索赔证据

（1）索赔证据的含义。在工程项目实施过程中，会产生大量的工程信息和资料，这些信息和资料是开展索赔的重要证据。因此，在施工过程中应该自始至终做好资料积累工作，建立完善的资料记录和科学管理制度，认真系统地积累和管理合同、质量、进度以及财务收支等方面的资料。

（2）可以作为证据的材料。可以作为证据使用的材料有以下七种：书证、物证、证人证言、视听材料、被告人供述和有关当事人陈述、鉴定结论、勘验和检验笔录。

（3）常见的工程索赔证据主要有：

1）各种合同文件，包括施工合同协议书及其附件、中标通知书、投标书、标准和技术规范、图纸、工程量清单、工程报价单或者预算书、有关技术资料和要求、施工过程中的补充协议等。

2）工程各种往来函件、通知、答复等。

3）各种会谈纪要。

4）经过发包人或者工程师批准的承包人的施工进度计划、施工方案、施工组织设计和现场实施情况记录。

5）工程各项会议纪要。

6）气象报告和资料，如有关温度、风力、风雪的资料。

7）施工现场记录，包括有关设计交底、设计变更、施工变更指令，工程材料和机械设备的采购、验收与使用等方面的凭证及材料供应清单、合格证书，工程现场水、电、道路等开通、封闭的记录，停水、停电等各种干扰事件的时间和影响记录等。

8）工程有关照片和录像等。

9）施工日记、备忘录等。

10）发包人或工程师签认的签证。

11）发包人或工程师发布的各种书面指令和确认书，以及承包人的要求、请求、通知书等。

12）各种检查验收报告和各种技术鉴定报告。

13）工程的交接记录，图纸和各种资料交接记录。

14）建筑材料和设备的采购、订货、运输、进场、使用方面的记录、凭证和报表等。

15）市场行情资料，包括市场价格、官方的物价指数、工资指数、中央银行的外汇比率等公布材料。

16）发包人提供的参考资料和现场资料。

17）工程结算资料、财务报告、财务凭证等。

18）各种会计核算资料。

19）国家法律、法令、政策文件。

（4）索赔证据的基本要求：①真实性；②及时性；③全面性；④关联性；⑤有效性。

#### 5.3.4.7　索赔的程序和方法

工程施工中承包人向发包人索赔、发包人向承包人索赔以及分包人向承包人索赔的情况都有可能发生，以下说明承包人向发包人索赔的一般程序和方法。

（1）索赔意向通知。在工程实施过程中发生索赔事件以后，或者承包人发现索赔机会，首先要提出索赔意向，即在合同规定时间（一般为 28 天）内将索赔意向用书面形式及时通知发包人或者工程师，向对方表明索赔愿望、要求或者声明保留索赔权利，这是索赔工作程序的第一步。

索赔意向通知要简明扼要地说明索赔事由发生的时间、地点、简单事实情况描述和发展动态、索赔依据和理由、索赔事件的不利影响等。

（2）索赔资料的准备。在索赔资料准备阶段，主要工作有：

1）跟踪和调查干扰事件，掌握事件产生的详细经过。

2）分析干扰事件产生的原因，划清各方责任，确定索赔根据。

3）损失或损害调查分析与计算，确定工期索赔和费用索赔值。

4）收集证据，获得充分而有效的各种证据。

5）起草索赔文件。

（3）索赔文件的提交。提出索赔的一方应该在合同规定的时限内向对方提交正式的书面索赔文件。例如，FIDIC 合同条件和我国《建设工程施工合同示范文本》都规定，承包人必须在发出索赔意向通知后的 28 天内或经过工程师同意的其他合理时间内向工程师提交一份详细的索赔文件和有关资料。如果干扰事件对工程的影响持续时间长，承包人则应按工程师要求的合理间隔（一般为 28 天），提交中间索赔报告，并在干扰事件影响结束后的 28 天内提交一份最终索赔报告。否则将失去该事件请求补偿的索赔权利。

索赔文件的主要内容包括以下几个方面。

1）总述部分。概要论述索赔事项发生的日期和过程；承包人为该索赔事项付出的努力和附加开支；承包人的具体索赔要求。

2）论证部分。论证部分是索赔报告的关键部分，其目的是说明自己有索赔权，是索赔能否成立的关键。

3）索赔款项（和/或工期）计算部分。如果说索赔报告论证部分的任务是解决索赔权能否成立，则款项计算是为解决能得多少款项。前者定性，后者定量。

4）证据部分。要注意引用的每个证据的效力或可信程度，对重要的证据资料最好附以文字说明，或附以确认件。

（4）索赔文件的审核。对于承包人向发包人的索赔请求，索赔文件首先应该交由工程师审核。工程师根据发包人的委托或授权，对承包人索赔的审核工作主要分为判定索赔事件是否成立和核查承包人的索赔计算是否正确、合理两个方面，并可在授权范围内做出判断：初步确定补偿额度，或者要求补充证据，或者要求修改索赔报告等。对索赔的初步处理意见要提交发包人。

（5）发包人审查。对于工程师的初步处理意见，发包人需要进行审查和批准，然后工程师才可以签发有关证书。如果索赔额度超过了工程师权限范围时，应由工程师将审查的索赔报告报请发包人审批，并与承包人谈判解决。

（6）协商。对于工程师的初步处理意见，发包人和承包人可能都不接受或者其中的一方不接受，三方可就索赔的解决进行协商，达成一致，其中可能包括复杂的谈判过程，经过多次协商才能达成。如果经过努力无法就索赔事宜达成一致意见，则发包人和承包人可根据合同约定选择采用仲裁或者诉讼方式解决。

（7）反索赔的基本内容。反索赔的工作内容可以包括两个方面：一是防止对方提出索赔，二是反击或反驳对方的索赔要求。要成功地防止对方提出索赔，应采取积极防御的策略。首先是自己严格履行合同规定的各项义务，防止自己违约，并通过加强合同管理，使对方找不到索赔的理由和根据，使自己处于不能被索赔的地位。其次，如果在工程实施过程中发生了干扰事件，则应立即着手研究和分析合同依据，收集证据，为提出索赔和反索赔做好两手准备。

如果对方提出了索赔要求或索赔报告，则自己一方应采取各种措施来反击或反驳对方的索赔要求。常用的措施有：

1）抓对方的失误，直接向对方提出索赔，以对抗或平衡对方的索赔要求，以求在最终解决索赔时互相让步或者互不支付。

2）针对对方的索赔报告，进行仔细、认真研究和分析，找出理由和证据，证明对方索赔要求或索赔报告不符合实际情况和合同规定，没有合同依据或事实证据，索赔值计算不合理或不准确等问题，反击对方的不合理索赔要求，推卸或减轻自己的责任，使自己不受或少受损失。

（8）对索赔报告的反击或反驳要点。对对方索赔报告的反击或反驳，一般可以从以下几个方面进行。

1）索赔要求或报告的时限性。审查对方是否在干扰事件发生后的索赔时限内及时提出索赔要求或报告。

2）索赔事件的真实性。

3）干扰事件的原因、责任分析。如果干扰事件确实存在，则要通过对事件的调查分析，确定原因和责任。如果事件责任属于索赔者自己，则索赔不能成立，如果合同双方都有责任，则应按各自的责任大小分担损失。

4）索赔理由分析。分析对方的索赔要求是否与合同条款或有关法规一致，所受损失是否属于非对方负责的原因造成。

5）索赔证据分析。分析对方所提供的证据是否真实、有效、合法，是否能证明索赔要求成立。证据不足、不全、不当、没有法律证明效力或没有证据时，索赔不能成立。

6）索赔值审核。如果经过上述的各种分析、评价，仍不能从根本上否定对方的索赔要求，则必须对索赔报告中的索赔值进行认真细致地审核，审核的重点是索赔值的计算方法是否合情合理，各种取费是否合理适度，有无重复计算，计算结果是否准确等。

**5.3.4.8　索赔费用的计算**

（1）索赔费用的组成。索赔费用的主要组成部分，同工程款的计价内容相似。按我国现行规定（参见建标〔2003〕206 号《建筑安装工程费用项目组成》），建筑安装工程合同价包括直接费、间接费、利润和税金。我国的这种规定，同国际上通行的做法还不完全一致。从原则上说，承包商有索赔权利的工程成本增加，都是可以索赔的费用。但是，对于不同原因引起的索赔，承包商可索赔的具体费用内容是不完全一样的。哪些内容可索赔，要按照各项费用的特点、条件进行分析论证。

1）人工费。人工费包括施工人员的基本工资、工资性质的津贴、加班费、奖金以及法定的安全福利等费用。对于索赔费用中的人工费部分而言，人工费是指完成合同之外的额外工作所花费的人工费用；由于非承包商责任的工效降低所增加的人工费用；超过法定工作时间加班劳动；法定人工费增长以及非承包商责任工程延期导致的人员窝工费和工资上涨费等。

2）材料费。材料费的索赔包括：由于索赔事项材料实际用量超过计划用量而增加的材料费；由于客观原因材料价格大幅度上涨；由于非承包商责任工程延期导致的材料价格上涨和超期储存费用。材料费中应包括运输费、仓储费以及合理的损耗费用。如果由于承包商管理不善，造成材料损坏失效，则不能列入索赔计价。承包商应该建立健全物资管理制度，记录建筑材料的进货日期和价格，建立领料耗用制度，以便索赔时能准确地分离出索赔事项所引起的材料额外耗用量。为了证明材料单价的上涨，承包商应提供可靠的订货单、采购单或官方公布的材料价格调整指数。

3）施工机械使用费。施工机械使用费的索赔包括：由于完成额外工作增加的机械使用费；非承包商责任工效降低增加的机械使用费；由于业主或监理工程师原因导致机械停工的窝工费。窝工费的计算，如系租赁设备，一般按实际租金和调进调出费的分摊计算；如系承包商自有设备，一般按台班折旧费计算，而不能按台班费计算，因台班费中包括了设备使用费。

4）分包费用。分包费用索赔指的是分包商的索赔费，一般包括人工、材料、机械使用费的索赔。分包商的索赔应如数列入总承包商的索赔款总额以内。

5）现场管理费。索赔款中的现场管理费是指承包商完成额外工程、索赔事项工作以及工期延长期间的现场管理费，包括管理人员工资、办公、通信、交通费等。

6）利息。在索赔款额的计算中，经常包括利息。利息的索赔通常发生于下列情况：拖期付款的利息；错误扣款的利息。至于具体利率应是多少，在实践中可采用不同的标准，主要有这样几种规定：按当时的银行贷款利率；按当时的银行透支利率；按合同双方协议的利率；按中央银行贴现率加三个百分点。

7）总部（企业）管理费。索赔款中的总部管理费主要指的是工程延期期间所增加的管理费。包括总部职工工资、办公大楼、办公用品、财务管理、通信设施以及总部领导人员赴工地检查指导工作等开支。这项索赔款的计算，目前没有统一的方法。在国际工程施工索赔中总部管理费的计算有以下几种：

a．按照投标书中总部管理费的比例（3%～8%）计算。

总部管理费＝合同中总部管理费比率（%）×（直接费索赔款额十现场管理费索赔款额等）

b．按照公司总部统一规定的管理费比率计算。

总部管理费＝公司管理费比率（%）×（直接费索赔款额十现场管理费索赔款额等）

c．以工程延期的总天数为基础，计算总部管理费的索赔额，计算公式如下：

对某一工程提取的管理费＝同期内公司的总管理费×（该工程的合同额/同期内公司的总合同额）

该工程的每日管理费＝该工程向总部上缴的管理费/合同实施天数

索赔的总部管理费＝该工程的每日管理费×工程延期的天数

8）利润。一般来说，由于工程范围的变更、文件有缺陷或技术性错误、业主未能提供现场等引起的索赔，承包商可以列入利润。但对于工程暂停的索赔，由于利润通常是包括在每项实施工程内容的价格之内的，而延长工期并未影响削减某些项目的实施，也未导致利润减少。所以，一般监理工程师很难同意在工程暂停的费用索赔中加进利润损失。索赔利润的款额计算通常是与原报价单中的利润百分率保持一致。

（2）索赔费用的计算方法。索赔费用的计算方法有：实际费用法、总费用法和修正的总费用法。

1）实际费用法。实际费用法是计算工程索赔时最常用的一种方法。这种方法的计算原则是以承包商为某项索赔工作所支付的实际开支为根据，向业主要求费用补偿。

用实际费用法计算时，在直接费的额外费用部分的基础上，再加上应得的间接费和利润，即是承包商应得的索赔金额。由于实际费用法所依据的是实际发生的成本记录或单据，所以，在施工过程中，系统而准确地积累记录资料是非常重要的。

2）总费用法。总费用法就是当发生多次索赔事件以后，重新计算该工程的实际总费用，实际总费用减去投标报价时的估算总费用，即为索赔金额，即

索赔金额＝实际总费用－投标报价估算总费用

不少人对采用该方法计算索赔费用持批评态度，因为实际发生的总费用中可能包括了承包商的原因，如施工组织不善而增加的费用；同时投标报价估算的总费用也可能为了中标而

过低。所以这种方法只有在难以采用实际费用法时才应用。

3）修正的总费用法。修正的总费用法是对总费用法的改进，即在总费用计算的原则上；去掉一些不合理的因素，使其更合理。修正的内容如下：

a．将计算索赔款的时段局限于受到外界影响的时间，而不是整个施工期。

b．只计算受影响时段内的某项工作所受影响的损失，而不是计算该时段内所有施工工作所受的损失。

c．与该项工作无关的费用不列入总费用中。

d．对投标报价费用重新进行核算：按受影响时段内该项工作的实际单价进行核算，乘以实际完成的该项工作的工程量，得出调整后的报价费用。

按修正后的总费用计算索赔金额的公式如下：

索赔金额＝某项工作调整后的实际总费用－该项工作的报价费用

修正的总费用法与总费用法相比，有了实质性的改进，它的准确程度已接近于实际费用法。

#### 5.3.4.9　工期索赔的计算

（1）工期延误。工期延误的含义是指工程施工过程中任何一项或多项工作实际完成日期迟于计划规定的完成日期，从而可能导致整个合同工期的延长。工程延误对合同双方一般都会造成损失。业主因工程延误不能及时交付使用，投入生产，就不能按计划实现投资效果，失去盈利机会，损失市场利润；承包商因工期延误会增加工程成本，生产效率降低，企业信誉受到影响，最终还可能导致合同规定的误期损害赔偿的处罚。

（2）工期延误的分类。

1）按照延误事件之间的关联性划分。

a．单一延误。单一延误是指在某一延误事件从发生到终止的时间间隔内，没有其他延误事件的发生，该延误事件引起的延误称为单一延误。

b．共同延误。当两个或两个以上的延误事件从发生到终止的时间完全相同时，这些事件引起的延误称为共同延误。共同延误的补偿分析比单一延误要复杂一些。当业主引起的延误或双方不可控制因素引起的延误与承包商引起的延误共同发生时，即可索赔延误与不可索赔延误同时发生时，可索赔延误就将变成不可索赔延误，这是工程索赔的惯例之一。

c．交叉延误。当两个或两个以上的延误事件从发生到终止只有部分时间重合时，称为交叉延误。由于工程项目是一个较为复杂的系统工程，影响因素众多，常常会出现多种原因引起的延误交织在一起的情况，这种交叉延误的补偿分析更加复杂。

比较交叉延误和共同延误，不难看出，共同延误是交叉延误的一种特例。

2）按照工期延误的原因划分。

a．因业主和工程师原因引起的延误。

b．因承包商原因引起的延误。

c．不可控制因素引起的延误。

3）按照索赔要求和结果划分。按照承包商可能得到的要求和索赔结果划分，工程延误可以分为可索赔延误和不可索赔延误。

a．可索赔延误。可索赔延误是指非承包商原因引起的工程延误，包括业主或工程师的原因和双方不可控制的因素引起的索赔。根据补偿的内容不同，可以进一步划分为三种情况：

（a）只可索赔工期的延误。

（b）只可索赔费用的延误。

（c）可索赔工期和费用的延误。

b．不可索赔延误。不可索赔延误是指因承包商原因引起的延误，承包商不应向业主提出索赔，而且应该采取措施赶工，否则应向业主支付误期损害赔偿。

（3）工期索赔的具体依据。

1）合同约定或双方认可的施工总进度规划。

2）合同双方认可的详细进度计划。

3）合同双方认可的对工期的修改文件。

4）施工日志、气象资料。

5）业主或工程师的变更指令。

6）影响工期的干扰事件。

7）受干扰后的实际工程进度等。

（4）工期索赔的条件。因以下原因造成工期延误，经工程师确认，工期相应顺延：

1）发包人未能按专用条款的约定提供图纸及开工条件。

2）发包人未能按约定日期支付工程预付款、进度款，致使施工不能正常进行。

3）工程师未按合同约定提供所需指令、批准等，致使施工不能正常进行。

4）设计变更和工程量增加。

5）一周内非承包商原因停水、停电、停气造成停工累计超过 8 小时。

6）不可抗力。

7）专用条款中约定或工程师同意工期顺延的其他情况。

（5）工期索赔的分析。工期索赔的分析包括延误原因分析、延误责任的界定、网络计划（CPM）分析、工期索赔的计算等。

运用网络计划（CPM）方法分析延误事件是否发生在关键线路上，以决定延误是否可以索赔。在工期索赔中，一般只考虑对关键线路上的延误或者非关键线路因延误而变为关键线路时才给予顺延工期。

（6）工期索赔的计算方法。

1）直接法。如果某干扰事件直接发生在关键线路上，造成总工期的延误，可以直接将该干扰事件的实际干扰时间（延误时间）作为工期索赔值。

2）比例分析法。如果某干扰事件仅仅影响某单项工程、单位工程或分部分项工程的工期，要分析其对总工期的影响，可以采用比例分析法。

a．采用比例分析法时，可以按工程量比例进行分析，例如：某工程基础施工中出现了意外情况，导致工程量由原来的 $2800m^3$ 增加到 $3500m^3$，原定工期是 40 天，则承包商可以提出的工期索赔值是：

工期索赔值＝原工期×新增工程量/原工程量＝40×(3500－2800)/2800＝10（天）

本例中，如果合同规定工程量增减 10%为承包商应承担的风险，则工期索赔值应是：

工期索赔值＝40×(3500－2800×110%)/2800＝6（天）

b．也可按造价的比例进行分析，例如：某工程合同价为 1200 万元，总工期为 24 个月，施工过程中业主增加额外工程 200 万元，则承包商提出的工期索赔值为

工期索赔值＝原合同工期×附加或增加工程造价/原合同价＝24×200/1200＝4（个月）

3）网络分析法。通过分析干扰事件发生前和发生后网络计划的计算工期之差来计算工期索赔值，可以用于各种干扰事件和多种干扰事件共同作用所引起的工期索赔。

# 任务 5.4　建设工程项目合同计价方式

建设工程施工承包合同的计价方式主要有：单价合同、总价合同、成本补偿合同三种。

【引例】

> 某工程项目通过招标、投标、评标后确定 A 单位为中标单位。招标人于 4 月 6 日向 A 单位发出了中标通知书，在该项目的后续合同管理中出现了如下事件。
>
> 事件：通过谈判，双方于 5 月 8 日签订施工合同。

【思考】

常用的合同计价方式有哪几类？

## 5.4.1　单价合同的运用

当施工发包的工程内容和工程量一时尚不能十分明确、具体地予以规定时，则可以采用单价合同形式，即根据计划工程内容和估算工程量，在合同中明确每项工程内容的单位价格（如每米、每平方米或者每立方米的价格），实际支付时则根据每一个子项的实际完成工程量乘以该子项的合同单价计算该项工作的应付工程款。

单价合同的特点是单价优先，当投标报价中单价和总价的计算结果不一致时，以单价为准调整总价。由于单价合同允许随工程量变化而调整工程总价，业主和承包商都不存在工程量方面的风险，因此对合同双方都比较公平。另外，在招标前，发包单位无需对工程范围作出完整的、详尽的规定，从而可以缩短招标准备时间，投标人也只需对所列工程内容报出自己的单价，从而缩短投标时间。

采用单价合同对业主的不足之处是，业主需要安排专门力量来核实已经完成的工程量，需要在施工过程中花费不少精力，协调工作量大。另外，用于计算应付工程款的实际工程量可能超过预测的工程量，即实际投资容易超过计划投资，对投资控制不利。

单价合同又分为固定单价合同和变动单价合同。

固定单价合同条件下，无论发生哪些影响价格的因素都不对单价进行调整，因而对承包商而言就存在一定的风险。当采用变动单价合同时，合同双方可以约定一个估计的工程量，当实际工程量发生较大变化时可以对单价进行调整，同时还应该约定如何对单价进行调整；当通货膨胀达到一定水平或者国家政策发生变化时，可以对哪些工程内容的单价进行调整以及如何调整等。因此，承包商的风险就相对较小。

固定单价合同适用于工期较短、工程量变化幅度不会太大的项目。

## 5.4.2　总价合同的运用

### 5.4.2.1　总价合同的含义

总价合同，是指根据合同规定的工程施工内容和有关条件，业主付给承包商一个明确的总价。总价合同也称总价包干合同，当施工内容和外部条件没有发生变化时，业主付给承包商的价款总额就不会发生变化。

总价合同又分固定总价合同和变动总价合同两种。

### 5.4.2.2　固定总价合同

固定总价合同的价格计算是以图纸及规定、规范为基础，工程任务和内容明确，业主的要求和条件清楚，合同总价一次包死，固定不变，即不再因为环境的变化和工程量的增减而变化。在这类合同中，承包商承担了全部的工作量和价格的风险。因此，承包商在报价时应对一切费用的价格变动因素以及不可预见因素都做充分的估计，并将其包含在合同价格之中。

对业主而言，在合同签订时就可以基本确定了项目的总投资额，对投资控制有利；在双方都无法预测的风险条件下和可能有工程变更的情况下，承包商承担了较大的风险，业主的风险较小。但是，工程变更和不可预见的困难也常常引起合同双方的纠纷或者诉讼，最终导致其他费用的增加。

当然，在固定总价合同中还可以约定，当发生重大工程变更、累计工程变更超过一定幅度或者其他特殊条件下可以对合同价格进行调整。因此，需要定义重大工程变更的含义、累计工程变更的幅度以及什么样的特殊条件才能调整合同价格，以及如何调整合同价格等。

采用固定总价合同，双方结算比较简单，但是由于承包商承担了较大的风险，因此报价中不可避免地要增加一笔较高的不可预见风险费。承包商的风险主要有两个方面：一是价格风险，二是工作量风险。价格风险有报价计算错误、漏报项目、物价和人工费上涨等，多工作量风险有工程量计算错误、工程范围不确定、工程变更或者由于设计深度不够所造成的误差等。

固定总价合同的适用情况：

（1）工程量小、工期短，估计在施工过程中环境因素变化小，工程条件稳定并合理。

（2）工程设计详细，图纸完整、清楚，工程任务和范围明确。

（3）工程结构和技术简单，风险小。

（4）投标期相对宽裕，承包商可以有充足的时间详细考察现场、复核工程量，分析招标文件，拟订施工计划。

### 5.4.2.3　变动总价合同

变动总价合同又称为可调总价合同，合同价格是以图纸及规定、规范为基础，按照时价进行计算，得到包括全部工程任务和内容的暂定合同价格。它是一种相对固定的价格，在合同执行过程中，由于通货膨胀等原因而使所使用的工、料成本增加时，可以按照合同约定对合同总价进行相应的调整。当然，一般由于设计变更、工程量变化和其他工程条件变化所引起的费用变化也可以进行调整。因此，通货膨胀等不可预见因素的风险由业主承担，对承包商而言，其风险相对较小，但对业主而言，不利于其进行投资控制，投资增加的风险就增大了。

根据《建设工程施工合同（示范文本）》，合同双方可约定，在以下条件下可对合同价款进行调整：

（1）法律、行政法规和国家有关政策变化影响合同价款。

（2）工程造价管理部门公布的价格调整。

（3）一周内非承包人原因停水、停电、停气造成的停工累计超过 8 小时。

（4）双方约定的其他因素。

在工程施工承包招标时，施工期限一年左右的项目一般实行固定总价合同，通常不考虑价格调整问题，以签订合同时的单价和总价为准，物价上涨的风险由承包商承担。对于建设周期超过一年半以上的项目，则应考虑下列因素引起的价格变化问题：①人工费及材料费用的上涨；②其他影响工程造价的因素，如运输费、燃料费、电费等价格的变化；③外汇汇率的不稳定；④国家或省（市、区）法律法规的变化引起的工程费用的上涨。

#### 5.4.2.4　总价合同的特点及应用

显然，采用总价合同时，对承发包工程的内容及其各种条件都应基本清楚、明确，否则承发包双方都有蒙受损失的风险。因此，一般是在施工图设计完成，施工任务和范围比较明确，业主的目标、要求和条件都清楚的情况下才采用总价合同。对业主来说，由于设计时间长，因而开工时间较晚，开工后的变更容易带来索赔，而且在设计过程中也难以吸收承包商的建议。

总价合同的特点如下：

（1）发包单位可以在报价竞争状态下确定项目的总造价，可以较早确定或者预测工程成本。

（2）业主的风险较小，承包人将承担较多的风险。

（3）评标时易于迅速确定最低报价的投标人。

（4）在施工进度上能极大地调动承包人的积极性。

（5）发包单位能更容易、更有把握地对项目进行控制。

（6）必须完整而明确地规定承包人的工作。

（7）必须将设计和施工方面的变化控制在最小限度内。

总价合同是总价优先，承包商报总价，双方商讨并确定合同总价，最终也按总价结算。

### 5.4.3　成本加酬金合同的运用

#### 5.4.3.1　成本加酬金合同的含义

成本加酬金合同也称为成本补偿合同，这是与固定总价合同正好相反的合同，工程施工的最终合同价格将按照工程的实际成本再加上一定的酬金进行计算。在合同签订时，工程实际成本往往不能确定，只能确定酬金的取值比例或者计算原则。

采用这种合同，承包商不承担任何价格变化或工程量变化的风险，这些风险主要由业主承担，对业主的投资控制很不利。而承包商则往往缺乏控制成本的积极性，不仅不愿意控制成本，甚至还会期望提高成本以提高自己的经济效益，因此这种合同容易被那些不道德或不称职的承包商滥用，从而损害工程的整体效益。应该尽可能避免采用这种合同形式。

#### 5.4.3.2　成本加酬金合同的特点和适用条件

（1）成本加酬金合同通常用于如下情况：

1）工程特别复杂，工程技术、结构方案不能预先确定，或者尽管可以确定工程技术和结构方案，但是不可能进行竞争性的招标活动并以总价合同或单价合同的形式确定承包商，如研究开发性质的工程项目。

2）时间特别紧迫，如抢险、救灾工程，来不及进行详细的计划和商谈。

（2）对于业主而言，这种合同形式也有一定优点，如：

1）可以通过分段施工缩短工期，而不必等所有施工图完成才开始招标和施工。

2）可以减少承包商的对立情绪，承包商对工程变更和不可预见条件的反应会比较积极和快捷。

3）可以利用承包商的施工技术专家，帮助改进或弥补设计中的不足。

4）业主可以根据自身力量和需要，较深入地介入和控制工程施工和管理。

5）可以通过确定最大保证价格约束工程成本不超过某一限值，从而转移一部分风险。

对承包商来说，这种合同比固定总价合同的风险低，利润比较有保证，因而比较有积极性。其缺点是合同的不确定性，由于设计未完成，无法准确确定合同的工程内容、工程量以及合同的终止时间，有时难以对工程计划进行合理安排。

#### 5.4.3.3　成本加酬金合同的形式及应用

成本加酬金合同有许多种形式，如成本加固定费用合同、成本加固定比例费用合同、成本加奖金合同、最大成本加费用合同。

在施工承包合同中采用成本加酬金计价方式时，业主和承包商应该注意以下问题：

（1）必须有明确的支付酬金条款，包括酬金支付时间、金额百分比。如发生变更或其他变化时，酬金支付如何调整。

（2）应该列出工程费用清单，保留有关工程实际成本记录证明等证据，以便业主审核和结算。

# 参 考 文 献


［1］ 刘先春，魏应乐，包海玲.建筑工程项目管理［M］. 郑州：黄河水利出版社，2018.

［2］ 郝转，吴瑞，杜鹏. 工程招投标与合同管理［M］. 北京：中国水利水电出版社，2017.

［3］ 中华人民共和国住房和城乡建设部. 建筑工程方案设计招标投标管理办法［M］. 北京：中国建筑工业出版社，2008.